JN424961

흙아, 미안해

흙없인 못살아, 두번째 이야기

흙아, 미안해

초판 1쇄 발행 2024년 12월 26일
초판 2쇄 발행 2025년 3월 12일

지은이 이태근
펴낸이 이태근
펴낸곳 흙살림연구소
편집·디자인 이방현
표지 디자인 박정민
주소 충북 괴산군 불정면 한불로 1136
전화 043-833-5004
팩스 043-833-2959
등록 1998년 11월 9일 제98-1호

ISBN 978-89-91072-20-6

흙아, 미안해

흙없인 못살아, 두번째 이야기

귀농 40년
유기농의 길을 걸으며

이태근 지음

| 추천사 |

기후 위기 속에서 흙의 중요성

-이태근 회장의 〈흙아, 미안해〉에 부쳐

이명훈(시인, 소설가)

오스트리아 출신의 건축가이자 화가, 환경운동가인 훈데르트바서는 옷을 제2의 피부, 집을 제3의 피부라고 본다. 그는 인간을 보호하는 층을 몸의 피부, 옷, 집에 이어 사회, 지구를 상정해 5개로 보는데 이 5개 모두 흙과 관계된다고 볼 수도 있겠다. 사람의 몸도 뭇 생명체처럼 흙 없이는 탄생 자체가 불가능하고 옷과 집의 재료도 흙에서 자라는 식물과 관계 깊기에 흙과 무관하지 않다. 사회를 구성하는 건축물, 도로, 항만 등도 마찬가지이며 지구 즉 환경에도 흙의 중요성과 함께 위기가 거론되고 있다.

이번 다섯 번째 저서인 〈흙아, 미안해〉를 출간하는 이태근 회장은 40년 이상 흙과 함께 살아온 분이다. 흙의 가치를 누구보다 잘 알고 있다.

사람들이 이농하던 시기에 귀농을 실천해 〈흙살림〉을 창립해 크게 성장시킨 외에도 흙과 농업, 생태, 환경에 대한 그의 철학과 애정은 깊다.

환경 보전형 농업이 미래 농업의 대안이라고 그는 말한다. 농업 현장에서의 다양한 아우성에 귀를 기울이며 우리나라 환경 농업의 현실은 아직도 초보 단계에 머물러 있다고 개탄한다. 우리나라의 친환경 농가 비율은 6 프로 내외에 불과하다. 농업이 나아갈 길은 전통과 현대의 융합을 통한 지속 가능한 친환경농업 기술의 확립에 있다고 주장하며 농업생산을 환경과 조화시켜 경관 보전과 야생동식물의 보호까지 동시에 아우른다. 농업에 협동은 기본이며 생태계에 순환 역시 기본이다. 이런 자연관과 철학에 따라 그는 스스로 이룩한 현실과 현장 속에서 꾸준한 실천을 거듭하고 있다.

레이첼 카슨의 〈침묵의 봄〉이나 F.H. 킹의 〈4천 년의 농부〉에서 우려된 것들이 현실이 된 지 오래되었다. 지구의 일부에서는 생태와 환경과 조화되는 농업이나 공동체 운동이 활발하지만, 큰 추세로는 환경 오염, 에너지 고갈, 각자도생의 참혹한 현실이 세계를 이끈다. 이대로라면 인류의 생존과 문명의 존립 자체가 문제 될 것이라는 경고도 숱하다. 세계적인 환경 실천가 툰베리의 외침이나 나오미 클라인의 항변이 나오지만, 세계를 이끄는 아둔한 기관차는 국가 이기주의, 신자유주의, 양극화에 따른 각자도생의 차가운 미래를 암울하게 펼쳐놓고 있다.

이런 상황에 나온 책이기에 반갑고 고마운 책이다. 〈흙아, 미안해〉. 이 책은 소박한 형태이긴 하지만 직접 현장에 뛰어 들어가 몸으로 겪어내고 결과를 빚어낸 진실의 힘이 배어 있다. 이태근 회장이 말하는 농촌의 중요성, 환경 보전형 농업, 자연과의 조화, 협동은 홀로 아리랑이 되어선 결코 안 된다. 각자도생이니 차가운 질주로 나아가는 현대 문명에 소박하지만 진실을 담은 이 책은 브레이크나 경종으로 울리는 것을 넘어 방향까지 제시하고 있다.

동양의 중요 사상 중 하나인 음양오행의 오행 즉 목화토금수에서도 그 중심이자 매개가 토 즉 흙이다. 토는 인의예지신 중에 신(信) 즉 믿음이어서 토가 없이는 만사가 매개 없이 흐트러지고 산화되어 버리고 만다. 하늘의 별자리에서 비롯된 오행에서도 이처럼 토 즉 흙이나 흙 기운이 중심이다. 기후 위기에 대한 대응뿐 아니라 흙의 위기에 대한 대응이 절실하다는 뜻이기도 하다.

기후 위기 담론은 거의 누구나가 공감하는 것이 되었지만 이처럼 귀중하고 절박한 흙의 위기에 대해선 아직 반응이 소극적인 면도 있다. 생각을 달리해야 한다. 인류 역사의 모든 것들의 터전이자 현재 우리의 삶에 절대적인 흙이 위기에 처해있다. 이태근 회장의 이 소중한 책이 흙의 위기에 대한 경종이 되어 무너져 가는 생태계와 흙, 농업, 공동체, 미풍양속의 정서가 새로 거듭나는 계기가 되길 간절히 바란다.

유기농 과학화에 앞장 선 자랑스러운 지도자

최양부(전 주 아르헨티나 대한민국 대사)

이태근 흙살림 회장은 농대를 졸업하고 20대에 충북 괴산에 투신하여 40년을 우리 농(민, 업, 촌)의 발전을 위해 헌신해온 농민운동가이며 농촌지도자이고 농업과학자이다. 그는 격변하는 지구환경에서 건강한 흙의 유지관리가 우리 농업의 지속가능한 미래를 보장하는 핵심요소라는 사실을 깨닫고 흙을 품고, 흙의 황폐화를 아파하고, 흙을 기름지게 가꾸고, 지키는 방안을 연구하고 실천하며 우리나라 환경친화적이고 유기생태적 농업의 과학화에 앞장서온 자랑스러운 지도자이다.

나는 이 회장을 1994년 김영삼 정부 시절 우리나라 환경친화적 농업육성정책을 수립 추진하는 과정에서 처음 만나 30년 세월을 같이 환경농업발전을 위한 길을 걸어오면서 그의 순수한 헌신과 좌절, 그리고 굴하지 않은 용기와 새로운 도전을 보아왔다. 그래서 그가 흙을 품고 걸어온, 그리고 걷고 있는 '십자가를 진 선구자의 외길'을 어느 정도는 이해하고 있다고 생각한다. 그러나 우리나라의 거칠고 때로는 무치하기까지한 친환경 농업 판에서 그나마 그의 흙에 대한 순전한 사랑과 열정과 연구가 있어 우리나라 생태유기적 환경농업이 이 만큼이나마 자리보존을 할 수 있었다는 생각이 든다. 그래서일까, 그가 걸어온 고행의 40년 가시밭길을 천착하는 책의 제목을 '흙아, 미안해!'라고 정한 그의 마음을 조금은 알 듯해 눈시울마저 붉어진다. 그가 정글 같은 혼탁한 세상에서 초심을 잃지 않기 위해 몸부림치며 혼신으로 추진하고 있는 모든 일이 풍성한 결실을 거두게 되기만을 하나님께 기도한다.

오늘의 우리 친환경 농업은 갈 길을 잃었고 정책은 방황하고 있다. 친환경 실천 농가 수도 줄어만 가고 있다. 그 와중에 흙을 지키고 살리는 일을 망각하고, 흙을 떠난 친환경 농업마저 횡횡하고 있으니 무엇이 친환경인지 혼란스럽기만 하다. 이제는 지구적 기후위기 시대의 지속 가능한 농업을 위해 진정으로 흙을 살리고 지키는 환경 친화적인 농업이 다시 일어나야 한다. 흙에게 미안해 하는 이태근 회장의 진실된 마음이 제 갈 길을 잃고 방황하는 우리나라 친환경 농업인들과 정책자들에게 하나의 큰 울림으로 전해질 수 있기 간절히 바라마지않는다.

유기농 혁신가, 이태근의 도전

이시재('흙과도시' 대표, 가톨릭대학교 명예교수)

이태근은 충북괴산에서 지난 40년간 흙의 생명을 살리는 농업 실천과 운동에 전력투구하였다. 그는 유기농의 개념조차 정립되지 않았던 1990년대에 우리 땅에서 자연순환과 생명의 고리를 이어줄 미생물을 찾아 배양하여 한국 유기농의 희망을 찾아 나섰다. 농약과 비료 중심의 관행농업에 근본적인 의문을 제기하고 대안적이고 혁신적인 농업의 방향을 제시하고 그 실천에 나선 것이다. 그러나 우리나라와 같은 소농, 특히 생계농업, 즉 자신이 먹고 살 작물을 길러서 가족단위에서 소비하는 형태의 농업 종사자들은 변화를 추구하기 어렵다. 농산물의 상시 부족을 해결해야 하는 정부 또한 모험적인 농업방식을 도입하는데 소극적일 수밖에 없었다. 또한 일상적인 생계를 걱정해야 하는 일반 소비자들은 환경과 건강을 지켜주는 유기농산물의 가치를 인정한다 하더라도 이를 소비할 여력이 크지 않다. 그가 추구하는 유기농혁명은 아주 척박한 환경에서 출발하였다.

대개 모든 혁신은 기존의 관행의 틈을 파고드는 틈새(niche)에서 출발한다. 관행농업에 대한 의문, 농약피해사건, 시민들의 건강과 환경의식의 고조 등을 기반으로 농업의 새로운 혁신의 가능성이 생겨났다. 이태근은 이러한 틈새를 확인하고 파고들어 그의 신념을 실천으로 옮겼다. 우리나라의 토종미생물을 발견하고 배양하여 농업에 응용해 보았다. 그는 확신을 갖고 있었다. 유기농은 환경을 살리고, 농업을 살리며, 우리의 건강을 살리는 포괄적 해결방향이라는 믿음을 갖고 있었다. 그는 우리나라 전체가 유기농화해야 한다고 주장한다. 그는 농민들에게 유기농의 가능성을 설파하고 이를 실천하기 위한 유기농운동을 시작한 것이다. 그리고 그것을 실천하기 위한 네트워크, 교육시설, 작업장을 만들고, 유기농법을 전파하기 위해 유기퇴비의 제조, 그리고 유기농자재 및 유기농산물 판매를 위한 플렛폼을 운영하였다. 그의 구상이 현실화되자, 틈새혁신의 단계를 넘어서 조직, 단체, 시설의 단계로 급진하여 유기농보급이 급속도로 확산되기 시작한 것이다. 민주화 이후의 정부도 이에 호응하여 유기인증제도를 도입하고 유기농에 대한 우대정책을 실시하였으며, 마침 1990년대에 소비자협동조합의 등장으로 유기농산물 보급의 플랫폼도 생겨나기 시작하였다. 또한 그는 충청북도와 함께 세계유기농대회를 유치하여 이에 적극 동참하여 괴산의 유기농실천을 전 세계에 알리고 또한 세계 각지의 유기농을 찾아가 새로운 실천을 배우고 공유하는 일에 진력하였다. 그의 유기농혁신은 틈새-조직-제도-풍경 변화의 네 개의 혁신단계 중 조직, 제도개혁까지는 일정 부분 이루어졌다고 보이지만, 풍경의 변화(전반적인 혁신)에는 아직 이르지 못하고 있다.

현재 우리나라의 유기농 제도는 급속하게 후퇴하고 있다. 정부는 유기농인증제도를 바꾸어 유기농, 무농약 등 나뉘어져 있어서 유기농은 사라질 위기에 있다. 인증제도가 준수되지 않을 경우, 책임소재도 명확하지 않다. 소비자들도 유기농이 아니어도 무농약 정도라면 받아들이는 경향이 강해졌다. 그는 근년에 확산되고 있는 스마트팜 등 기술혁신이 크게 유행하고 있지만, 이는 전적으로 흙의 생명과는 무관한 기술체제일 뿐이라고 생각하고 있다. 그는 이 책에서 퇴비의 법적 문제, 유기농산물 검사와 책임소재의 문제도 다루고 있다.
이 책에서 그가 유기농혁신에 어떤 의미를 부여하고 실천해 왔는지 또한 혁신과정에 어떤 장벽에 봉착하였는지, 그리고 그가 앞으로 유기농 발전과 관련하여 어떤 점이 우려돼는지를 다루고 있다. 이 책은 또한 흙을 매개로 한 인간-자연-생명 관계속에서 우리는 과연 어떤 실천을 해야 하는지 근본적인 문제도 제기하고 있다.

협동조합과 흙살림의 길

김소남(국사편찬위원회 편사연구관)

2024년은 이태근 흙살림 회장이 충북농촌개발회에서 활동을 시작하기 위해 괴산에 내려온 지 만 40주년이 되는 해다. 나는 한국현대사를 전공하는 역사학자로서, 1980년대 중반 대다수가 농촌을 떠나 도시로 향하는 흐름을 거스르고 괴산 농촌지역에 내려와 40년 간 자주적 농민운동과 협동조합운동, 흙살림운동, 유기농업운동 등을 올곧게 전개해 온 이태근 회장에게 축하를 드린다.

2013년 여름 나는 청주 흙살림 오창센터를 방문하고 이태근 흙살림 회장을 만났다. 당시 괴산 눈비산마을의 전신인 충북육우개발협회와 충북농촌개발회를 중심으로 괴산지역의 협동운동과 생명운동 등을 연구하기 위해 관련 자료 조사 수집과 주요 활동가에 대한 구술작업에 적극 나설 때였다. 나는 이태근 회장이 1980~90년대 충북농촌개발회에서 개발부를 이끌며 괴산지역의 민간 주도 협동운동과 자주적 농민운동, 유기농업운동에서 중요한 역할을 수행했음에 주목했다.

10년 간의 연구 끝에 2023년 나는 『협동조합과 괴산지역 공동체운동』(도서출판 한살림)이라는 연구서를 간행했다. 이 책에는 충북농촌개발회와 흙살림연구소 등에서 젊음을 불살랐던 이태근 회장의 열정적인 삶과 활동이 짙게 녹여져 있다. 서울대 농대를 졸업한 이태근 회장은 1984년 7월 충북농촌개발회 개발부에서 첫 활동을 시작했다. 그는 조희부 전무와 함께 개발부장으로서 충북농촌개발회 관할 농촌부락의 농촌신협과 축산반, 괴산·음성지역협의회(괴산·음성소비조합) 소속의 수천 여 농민들과 함께 민간 주도의 협동운동을 열정적으로 전개하는 한편, 괴산군농생회와 괴산군농민회, 음성군농민회의 창립과 활동을 추동하는 등 괴산·음성지역의 자주적 농민운동을 주도했다.

이태근 회장은 원주지역의 생명운동에서 연유한 생명운동과 한살림운동에 적극 참여했으며, 1991년 충북농촌개발회 내 괴산미생물연구소의 창립으로 나아갔다. 1993년 초 이태근 회장은 한살림 박재일 회장과 함께 흙살림연구모임과 흙살림연구소를 꾸렸다. 그는 미생물학·토양학·작물생리학을 전공한 연구자들이 주축이 된 연구위원회와 유기농업에 뛰어든 현장농민연구원의 활동을 통해 유기농 제제인 생명토 등을 다수 개발하고 이의 보급·지도를 적극 주도했다. 특히, 이태근 회장은 사단법인 흙살림연구소의 활동을 통해 1990년대 한국유기농업기술의 과학화와 미생물 제제의 국산화를 주도하는 등 흙살림운동을 적극 전개했다. 그 결과 김영삼·김대중 정권의 협동조합과 친환경 농업 관련 법 제정 등에 일정하게 기여했을 뿐만 아니라 유기농업 민간 인증기관으로 흙살림연구소가 활동하도록 만들면서 2000년대 한살림·아이쿱생협 등 한국생협운동이 크게 발전할 수 있는 기반을 마련하는 중요한 역할을 했다.

이번 간행되는 『흙아, 미안해』(2024)는 1980년대 말 이태근 회장이 한살림운동에 참여하고 1990년대 흙살림연구모임·흙살림연구소를 이끌면서 한국유기농업운동의 수준을 한 단계 발전시킨 기반 위에서, 귀농 40년간 오롯이 '유기농의 길'을 넓히고 튼튼히 하기 위해 노력한 그의 고뇌와 유기농업의 위기가 심화되고 있는 한국사회 현실에 대한 안타까움이 짙게 깔려 있다. 이 책을 통해 한국사회에서 유기농업운동을 전개했던 초기 선각자들의 올곧은 정신을 되돌아보면서 유기농업의 위기를 딛고 한국 농촌과 농민, 지구적 환경과 생태를 살리는 흐름이 더욱 커지는 계기가 되기를 바란다.

‘유기농 운동가’이자 ‘기업인’으로

권사홍(흙살림바이오 이사)

나에게 이태근 회장의 모습은 두 가지다. 농민 권익증진과 유기농업 발전을 위해 헌신하는 운동가의 모습이 하나요, 친환경농산물 유통과 친환경농자재 사업을 이끌어가는 기업인의 모습이 나머지 하나다. 나와 이태근 회장과의 인연 자체는 오래전까지 올라가지만, 깊은 인연은 2012년 내가 흙살림 멤버로 함께 하면서부터다. 보스와 조직원 관계가 기본이지만 때로는 선배이자 형님으로, 때로는 시대고민을 함께 나누는 동지로 10여년 부대끼며 지내고 있다.

내가 보는 유기농 운동가로서의 이태근 회장은 존경스럽다. 평생 마음속에 품어 온 지향과 목표에 대한 열정이 여전하고, 해야 할 일을 밀어붙이는 에너지도 여전히 젊다. 농업이 어려워지고 친환경농업의 정체가 오랫동안 지속되고 있음에도 ‘유기농업의 과학화’, 전국토의 유기농업화’ 주장을 굽히지 않는다. 뿐만 아니라 친환경농업의 위기를 극복하고 지속적인 성장을 담보하기 위해서는 유기농 식품산업화가 절실한데, 흙살림이 이를 선도해야 한다고 강조한다. 기업의 방식으로, 산업화를 통해 친환경농업의 활로를 열어가겠다는 생각은 이태근 회장이 운동가 출신 기업인이기 때문에 가능한 발상이다.

내가 겪은 기업인으로서 이태근 회장은 진행형이다. 깊은 통찰과 예리한 진단, 시원한 해결책을 이끌어내는 걸 보면 ‘역시’란 감탄사가 절로 나온다. 그런데 전문 경영, 구체적 사업운영의 영역에 들어오면 좀 많이 겸손해 하고 어려워 한다. 기업인으로서 실력이 없기 때문이라고 스스로 말하지만 이미 이루어 놓은 성취만으로도 그렇지 않다는 것은 누구나 알 수 있다. 나는 그것이 이태근 회장이 욕심이 많기 때문이라고 해석하곤 한다. 그 욕심이 너무 커서 현재의 모습이 만족스럽지 못하거나, 만족스러운 목표에 도달하기에는 그냥 보통의 기업인 역량 이상의 것이 요구되기에 답답해 하고 있는 것이 아닌가 싶다.

내가 짐작하기에 이태근 회장이 기업-사업을 하는 목적은 기업의 성장과 이윤, 구성원의 행복에만 있지 않다. 유기농의 지속적 발전을 위한 기틀을 만들어내겠다는 평생의 지향과 목표를 사업을 통해 구현하고 싶어 한다. 이런 욕심을 갖고 있으니 기업가의 길이 힘들 수밖에… 혹자는 몽상이라고 할지 모르지만 나는 이런 이태근 회장의 꿈이 좋다. 보스로서는 그닥(?) 이지만 내가 이태근 회장을 지지하고 응원하는 이유다. 아니 믿음도 있다. 흙살림의 발자취를 보면 보인다.

이 책 "흙아 미안해"는 유기농 운동가로서 40년 삶을 관통한 이태근 회장의 생각과 실천의 기록이다. 몇 년 전에는 흙에 대한 진심을 담은 "흙 없인 못 살아"라는 제목의 책을 냈었다. 별거 아닐 수도 있는 흙이 이태근 회장에게는 평생의 화두임이 엿보이는 대목이다. 그래서 나는 이태근 회장의 기록이 흙에 대한 미안함으로 끝나지 않을 것이라 생각한다.

유기농 운동가로서 이태근 회장의 삶 40년에는 20년 넘게 기업인의 삶이 겹쳐져 있다. 그 길은 아직 진행중이다. 언젠가 "답은 OO에 있었네"란 제목으로 새로운 삶의 기록이 나올 것임을 기대한다. 그것은 분명 환경과 농업, 유기농을 지켜가는 모든 이들과 함께 써가는 기록일 것이다.

치유와 회복의 흙살림의 길

성기남(농부·전 흙살림연구소 회장)

이태근 회장과 만난지 40년이 되었다. 20대에 만나 60대가 되었다니 세월이 빠르다. 이태근 회장과는 평생 함께 흙살림의 길을 걸어왔다. 기쁠 때나 어려울 때 함께 해 온 이태근 회장이 다섯번째 책을 냈다니 기쁘다. 항상 재미있는 삶이 되길 바란다.

하늘이 열리고 땅이 솟아올라, 온 누리의 생명을 걸우어 오늘의 우리를 숨쉬게 하는 흙을 노래한다. 생명의 근본을 품어 길러내는 나의 이름은 흙이라고 한다. 태양과 비바람 삼라만상의 모든 것들과 조화를 이루어 온갖 것들을 길러낼 때의 기쁨과 즐거움으로 나날이 행복하다. 그러나 오늘은 아프다. 언제인가 어느 때부터인가 그리 오래되지는 않은 것 같다. 시름시름 몸도 무겁고 마음도 지쳐간다. 아름다운 자연 이 생태계에 인간이라는 종의 욕심과 개발이라는 광풍이 몰아치며, 할퀴고 찢어진 상처 투성이 나. 이 흙만이 아니라 생태계 모두가 기후위기라는 몸살로 내일을 약속하기가 힘들어졌다.

오늘을 살아가는 모든 사람들, 우리의 미래 초롱초롱 맑은 눈동자 아이들의 내일을 지켜주고 싶다. 먼 곳에 있지 않다. 손을 잡아 주라. 모든 사람들의 조상이었고 어미의 품 속 같은 흙을 살려주라. 마음이 따뜻한 모든 사람들이 다 함께 바라보는 관심에 머물지 말고 실천하는 손길이 상처가 아물고 새 살이 돋는 치유와 회복의 흙살림의 길이다. 이태근은 오롯이 40년의 세월, 그 길을 뚝심있게 걸어왔다. 흙이 사랑하는 모든 사람들의 관심과 실천이 있어야, 아픔과 외로움에 지친 흙은 생기가 돈다. 이태근과 흙살림이 언제나 함께 할 것이다. 농민. 농촌. 농업이 살아 숨 쉬게 하고 온 겨레 만백성이 더불어 잘 살아가는 살맛 나는 세상을 위하여 희망의 씨를 넣자.
흙은 너. 나. 우리 모두를 품어 안는다. 그 품속에 우리 함께 하자.

벽우(碧牛)[1]

오철수(시인)

얼룩소가 있지
아시다시피 잘 먹고 우유를 만드는 소야
1등급 우유를 위해 떠받침을 받기도 한다는

그 반대쯤에 황톳빛 도는 힘 좋은 소가 있다는군
개중에는 싸움소가 되기도 한다는데
언제부턴가 점점 누렇게 되었고
오늘날의 육우(肉牛)가 되었다고 하데
물론 개중엔 일도 하고 싸움도 하고 고기로도 팔려
가야하는
소도 많았을 테지만
그 누런 소들 사이에서 간간히
벽우(碧牛)라는 말을 듣곤 한다지
푸른색 소니 세상에 없는 소일 수도 있는데
우창이 왈, 서울농대를 졸업한 삼십년 전부터
〈흙은 생명의 어머니다〉며 유기농업만 연구했다는
이태근 흙살림연구소 대표 이야기를 듣다가
아하! 스쳤으니

지금이라도
흙을 생명의 어머니로 믿는 순간
우린 푸른 하늘로 이어지고 이어진
벽우야

1. 벽우는 이태근 흙살림 회장의 호다.

흙살림 농사

오철수

비료 팍팍 주고
농약 팍팍 쓰면
농사 자알 돼요
하지만 농사의 마지막은 밥상인데
우리 아이가
비료 팍팍
농약 팍팍
먹으면 안 되니까
경쟁력 하나 없어도
흙살림 유기농으로 짓는 거예요

우리 자랄 땐 비료도 농약도 없어
어쩔 수 없이
유기농 먹고 몸을 만들어 그나마
이만큼 사는 것이니
아이들도 그럴 수 있도록 해줘야죠

농사의 완성은
우리 몸이에요
건강한 흙이에요

| 목 차 |

40년 유기농업의 길 농민이 희망이다

1. 농업 • 농촌 • 농민의 삶 속으로

20대에 충북 괴산에 내려와 60대가 되었다. 강산이 4번이나 바뀐 세월이다. 괴산에 내려올 당시에는 젊은이들이 농촌을 떠나 도시로 가는 이농·탈농의 시대였다. 농촌에 남은 총각들은 결혼을 못 하고 도시의 처녀들은 농촌으로 시집가는 것을 꺼렸다. 그러다 보니 농촌은 자연스레 고령화가 진행되었다. 이런 시기에 본인은 오히려 귀농의 길을 선택하였다. 농업·농촌에 변화의 바람을 이끌어 새로운 삶의 터전을 만들어 보고자 하였다.

괴산으로 내려온 1980년대는 농촌에서도 민주화, 협동화가 가장 중요한 이슈였다. 농민들이 서로 협력하고 협동하면 당면한 어려움을 이겨내고 사회를 변화시켜 '농민 세상'이 될 거라 생각했다. 당시 농촌 사회의 변화를 위해 가장 열심히 한 활동이 축산협동반과 신용협동조합 운동이었다. 이 운동을 통해 농민들의 경제적인 협력을 이끌어 내어 살기 좋은 농촌을 만들고자 부단히 노력하였다.

그 당시 정책자금 금리는 5%, 농협·신협 마을금고는 14%였다. 고금리 시대에 농민들은 정책자금을 받기 위해 정부의 편을 들어야 했다. 정책자금으로 특히, 영농자금과 농어민 후계자 자금은 농민들이 정부와 여당(당시 민정당) 편에 서게 하는 고리 역할을 했다. 또한 당시 농협 조합장은 대의원들이 뽑는 간접 선거 시절이었기에 정부는 농협을 이용하여 농민들을 관리하기도 했다.

본인이 귀농지로 선택한 곳에서는 1968년 미국 메리놀 선교회에서 파견한 신부들이 괴산 가축조합과 시범농장을 운영했다. 1974년엔 한우 현물 대부 등 농민 지원 사업을 벌였고, 농민 교육원을 만들어 축산기술은 물론 협동조합 등의 농민의식 교육을 진행해 왔다. 1980년대까지 해외 원조를 받아 농민들을 지원하는 일을 계속했다. 본인도 농민지원 사업을 맡아 10여 년 동안 농민들을 셀 수 없이 만나면서 그들의 협동과 발전을 위해 끊임없이 노력했다.

이런 활동 중 현재까지도 괴산·음성 농촌동지회가 유지되어 동지회의 모든 분이 농촌 리더로서 농업기술전파, 상호교류와 협력을 잘 이끌어 가고 있다.

2. 농촌 면단위 지역의 현실

농촌은 대도시와 사회의 변화 속도보다 더 빠르게 변화되고 있다. 특히 면 단위 지역의 변화는 농민들의 삶의 질과 행복에 직간접적인 영향을 미칠 수밖에 없다.

내가 일하고 있는 A면의 인구 현황을 간단히 살펴보면 인구수는 2,800여명, 가구 수는 1,600세대이다. 이 중 65세 이상 인구수가 1,180여명, 65세 이하가 1,620여명이다. 실제 거주하는 65세 이하 인구수는 훨씬 적을 것으로 생각된다. 65세 이상이 전체 인구수 비율의 42%면 노동력과 생산성 감소는 피할 수 없다. 농업 현장에서 '일할 사람이 없다'에서 '이젠 일할 사람이 정말 없다'라는 말처럼 될 것이라 생각된다. 인구의 고령화 문제는 어제 오늘의 문제가 아니지만 이를 해결하기 위한 방안을 시급히 마련해야만 한다.
또, 이 지역의 초등학교 학생 수는 약 55명, 교직원 수는 24여 명이고, 병설유치원의 원아 수는 14명, 교직원 수는 6명이다. 학생 수가 점차 줄어들고 있고 몇 해 전에는 중학교도 폐교가 될 정도였다.

이 지역에서 행정과 서비스에 종사하는 인구수를 자세히 살펴보면 면사무소 23명, 농협 36명, 마을금고 7명, 소방서 7명, 파출소 7명, 우체국 3명, 보건 진료소 7명, 기술센터 상담소 1명 등 110여명이 이 지역을 지원하는 역할을 하고 있다.
이를 통해 본다면 이 지역은 수많은 서비스를 받고 있고 지역 주민들도 행복하게 살 것이라 예상된다. 하지만 획일적이고 기능적인 체계만 운영이 되고 있고, 지역의 인구 문제와 밀접하게 연결되지 않고 있는 점이 아쉽게 생각된다. 행정과 연계된 다양한 프로그램이 연령대 맞춤 지원 체계로 갖춰진다면 늙어가는 면 단위에서 행복하게 늙을 수 있는 지역으로 탈바꿈되지 않을까 생각된다.

농업 중심의 면 지역은 아무래도 각종 농민 조직들이 함께 어우러져 이해관계가 얽혀 있다. 지역의 농민 조직 활동이 새로운 변화의 물결을 만들 수 있다는 것은 누구나 알고 있지만 이를 실천하기는 어렵다. 농촌의 보이지 않는 벽을 허물기가 쉽지 않기 때문이다. 하지만 변화의 시작은 조직의 리더가 어려운 길을 걸어가면서 만들어진다.

이 지역에 내려와 40년 세월 동안 '친환경 유기농업'을 통해 국내 농업을 변화시키고 새로운 농업 시대를 만들고자 노력하였다. 지역의 조직과 리더, 농민들과 함께 '유기농업군 괴산군' 선포와 '2015년 괴산 세계 유기농산업 엑스포' 개최를 유치하는데 큰 역할을 하며 유기농업으로의 전환에 앞장서 왔다. 무엇하나 내세울 것 없는 작은 면 단위 지역이 이제는 '유기농업' 하면 '괴산군'으로 연결할 수 있는 지역으로 변화된 것이다.

그러나 지역에는 저녁이 되면 식사를 할 수 있는 식당이 없다. 이곳의 월급을 받는 인력들이 퇴근하게 되면 식당은 문을 닫아 암흑이 된다. 저녁에 사람이 모여 웃고 즐길 수 있는 면 지역으로 변화되길 꿈꾼다.

3. 쌀 문제 해결을 위해 농민들도 나서야 한다.

쌀은 우리 농업과 농민에게는 무엇보다도 소중하다.
1977년 쌀 자급률은 106%. 약 600만 톤을 생산했다. 처음으로 쌀 막걸리가 허용되었고 통일벼가 약 70% 정도 재배되던 시기였다. 1인당 쌀 120kg 정도를 소비하고, 약 140만 ha 정도에서 쌀농사를 지었다. 10a당 423kg 수확으로 이웃 일본보다 수확량이 많았다. 그야말로 쌀 자급으로 쌀 혁명을 가져오던 시기였다.

45년이 지난 현재 쌀은 380만여 톤을 생산하는 반면 소비는 361만여 톤으로 20만 톤 가까이 과잉되어 쌀 가격이 지속적으로 하락하고 있다. 2021년 쌀 재배면적은 732,477ha로 전년보다 면적도 늘어나고 생산량도 증가하였다. 쌀 소비량은 2020년 57.7kg, 2021년 56.9kg으로 지속적으로 감소하고 있다. 쌀 자급률은 92.8%이다.

쌀 문제 해결은 정부의 정책과 농민들의 역할이 함께 따라 주어야 한다. 농사짓는 농민의 입장에서는 쌀 생산을 줄이는 역할을 스스로 해야 한다. 질소 비료를 1kg 줄이면 생산량은 2~3% 감소 된다. 현재 10a당

수확량 480kg을 3% 줄인다면 약 14kg이 감소하게 된다. 질소 비료를 1~2kg 줄이면 더불어 질소 과잉으로 인한 오염된 물과 흙도 살릴 수 있다. 그러니 이왕이면 질소 비료를 줄이는 것을 넘어 유기농업으로 나아갈 수 있다면 쌀 문제의 해결과 함께 농민이 진정으로 환경을 살리는 파수꾼이 될 것이라 생각한다.

4. 지역이 사는 길

농업, 농촌, 농민이 사는 길은 쉽지 않은 길이긴 하지만 대안이 없는 것도 아니다.

첫째, 각자 도생에서 협동 • 공존 • 공생의 길로 나아가야 한다.
농촌은 협동 없이 살 수 없다. 협동체제로 전환하기 위해 기존 단체, 작목반, 농업회사법인, 영농조합법인들이 공동의 목표를 설정하고 해결과 방안을 찾기 위해서 노력해야 한다. 농업 활동의 협동 체계 뿐만 아니라 지역 농촌을 바꾸기 위한 협동 체계로 전환함과 동시에 공존과 공생 할 수 있는 운영 체계로 구축해야 할 것이다.

둘째, 농촌 지역 내 양극화 문제를 해결해야 한다.
양극화 문제 해결 없이 농촌의 변화 발전은 기대하기 어렵다. 도시와 농촌의 격차가 점차 벌어지는 것을 방지하기 위해서는 인근 또는 대도시와 연결점을 찾고 이어가고자 노력해야 할 것이다. 젊은 청년과 귀농 세대들도 공감할 수 있는 공간으로 바꾸고 젊은 인력들이 모이도록 지속적으로 터전을 만들어 줘야 할 것이다.

셋째, 한반도 전체를 생태 농업화하는 전환이 필요하고, 이를 위한 지역 내의 변화를 이끌어야 한다.

2015년 괴산 세계유기농산업엑스포는 '유기농업 3.0' 선포를 하였다. 안전먹거리, 건강한 삶을 추구하는 비전을 선포한 것이다. 이 비전을 지속적으로 실현키 위해 2022년 괴산 세계유기농산업엑스포는 한반도 전체 생태 농업화를 꿈꾸어야 한다. 이를 통해 국내 유기농업이 다시 확대되는 전환점을 마련함과 동시에 '생산-소비-철학-삶' 4박자가 균형 있게 나아가도록 해야 할 것이다.

넷째, 법과 제도 개선에 모든 역량을 기울여야 한다.

정부의 농업 정책과 제도가 과연 현실성이 있는지에 대한 진정한 고민이 필요하고 현장에서 타당한 목소리를 내세워야 할 것이다. 문제가 있는 제도는 바꾸기 위해 노력하여 현실에 맞는 법과 제도로 개선되어야 할 것이다.

5. 잘못된 법과 제도를 바꿔야

친환경농어업법(친환경농어업 육성 및 유기식품 등의 관리·지원에 관한 법률)은 1998년 "환경농업육성법"으로부터 시작하여, 이제 4반세기가 다 되어간다. 그 사이 친환경 농업은 많은 부침이 있었는데, 친환경 인증 농가수는 2009년 20만 호를 정점으로 현재는 6만 호에 미치지 못한다. 2015년 완전 폐지된 '저농약 인증'을 논외로 하더라도, 최근 10년 동안 인증 농가 수는 최대치에서 45% 감소된 상황이다.

친환경농업은 환경과 건강을 살리는 농업이라고 정의할 수 있다. 법률과 인증제도, 정부의 정책, 생산농가와 소비자의 철학이 한데 모여서 친환경 농업을 지탱한다. 농업 부문의 인증제도는 크게 농가를 대상으로 한 유기농산물 • 무농약농산물 인증과 친환경농산물 유통사업자를 대상으로 한 취급자 인증으로 구분된다.

친환경농업을 하다 보면, 친환경 농산물에서도 농약이 검출되는 경우가 종종 있다. 고의적인 경우도 없지 않겠지만, 주변 관행농가가 살포한 농약이 바람을 타고 날라 오는 등 환경적 요인에 의한 오염인 경우가 많다. 불가피한 경우였다 하더라도, 일단 금지성분이 검출된다면 해당 농가는 일정 정도의 재제를 피할 수 없게 된다.

오염된 친환경농산물이 소비자의 식탁에까지 오르게 된다면, 그 책임은 과연 누구에게 있는가? 1차 책임은 재배 농민에게 물을 수밖에 없다. 다음으로 인증심사를 하여 인증을 내주고, 사후관리 의무가 있는 인증기관에 2차 책임이 있다 할 것이며, 최종적으로 이들 인증기관을 관리하는 정부도 책임으로부터 자유로울 수 없다.

그런데, 친환경농업법 시행규칙(농림축산식품부 장관령)은 생산자의 오염에 대해 난데없이 취급자(유통사업자)에게 연대 책임을 지우고 있다. 취급자는 정부가 친환경농산물이라 인정하였기에 그런 줄 알고 유통하였는데, 기거서 인증 위반 농산물이 나오면 취급자에게 경고하고 나아가 취급자 인증을 취소하겠다고 으름장을 놓고 있는 황당한 상황이다. "취급자 인증을 받은 유통사업자가 생산 농가의 생산 농산물에 대해 관리하고, 책임지라"는 취지라고 한다.

인증, 즉 정부의 보증을 믿었다가, 미판매 잔량을 회수·폐기하여야 하고, 거래처로부터 매입취소를 당하고, 무엇보다 상거래상의 핵심 가치인 '신뢰'에 타격을 입은 취급자 입장에서는 인증을 관리할 정부에 손해배상을 받아도 시원치 않은 상황이지만, 취급자 자신도 정부의 심사, 관리 대상이기에 이도 쉽지 않은 선택이다.

법을 집행하는 주체는 정부이다. 정부와 인증기관이 인증농가를 관리하고 친환경 농산물을 인증해 주는 주체이다. 인증관리의 책임자인 정부는 온데 간데 없고, 일개 민간 유통사업자인 취급자에게 책임을 돌리고 있다.

유통과정에서 잔류농약이 발견되면 인증기관은 농민과 그것을 유통한 취급자에게 행정처분을 내리고, 지방자치단체는 사업참여심사 등에서 감점 등의 불이익을 준다. 진짜 책임을 져야 할 인증기관과 정부는 책임을 지지 않고, 농산물을 팔아 준 취급자에게 책임을 묻는 행위는 친환경 농산물을 팔지 말라는 정책일 수 밖에 없다.

연대책임의 부작용 중 하나가, 친환경 농산물을 많이 취급할수록, 수매대상 인증농가가 많아질수록 유통 사업자는 취급자 인증이 취소될 위험성이 증가한다는 점이다. 이런 상황에서 취급자가 선택할 수 있는 자구책은 중소규모로 신규 유입되는 인증 농가의 농산물을 최대한 배제하고, 규모화되고 업력이 긴 고정 거래 농가에 의존할 수밖에 없게 된다. 이는 결국 친환경농업이 위축되는 결과로 이어진다.

금지 성분 검출에 대한 정부의 책임 전가 및 불합리성의 근원은 친환경농어업법의 "육성과 지원"이라는 기본 취지를 살리지 못하고, 규제 위주의 행정편의주의적 운영에서 비롯된 것이다. 농림축산식품부 장관은 무고한 취급자에게 책임을 전가하는 시행규칙을 즉각 개정하고, 흙과 농업과 환경을 살리는 친환경 농업의 "육성과 지원"에 일로매진해야 할 것이다.

이와함께 살펴보아야 할 것이 또하나 있다. 바로 비료관리법이다.
사료관리법은 동물 먹이를 관리하고 비료관리법은 식물의 먹이를 관리하는 법이다. 그런데 사료관리법과 비료관리법에는 큰 차이가 있다. 사료관리법은 사료 포대에 '사료 원료는 공장 사정에 따라 배합 비율이 변경될 수 있다'라고 표시돼 있다. 무척 합리적이다. 그러나 비료관리법에 따른 퇴비의 포장지에는 원료명과 배합 비율을 표시하도록 강제돼 있고, 배합 비율은 모두 정량으로 표시된다. 또한 그 기준이 건물 기준인지 부피 기준인지의 여부조차 특정돼 있지 않다.

비료관리법에 적용되고 있는 부산물 비료(퇴비)의 경우 원료는 대부분 축산부산물(축분), 농업부산물(쌀겨, 왕겨), 임업부산물(톱밥)이다. 이들 부산물은 공정규격 조차 없어서 수분 함량이나 비중이 그때그때 다른 것이 현실이고 무게 단위로 유통되는 것이 아니라 부피 기준으로 유통되는 것이 대부분이다. 이렇게 보증 규격도 없는 원료들을 법이 정하는 표시 규정처럼 정량으로 넣는 것은 불가능하고, 설사 정량으로 넣는다 하더라도 퇴비의 품질을 보증해주지도 못한다.

또한, 퇴비공장의 등록 요건에도 원료 혼합 전 정량화 할 수 있는 시설을 의무화하지 않고 있어, 정량화 시설을 갖춘 퇴비장은 찾아보기 힘든 실정이다. 이는 퇴비원료의 정량화한 혼합이 현실적으로 가능하지 않다는 것을 반증하고 있으며, 전문 연구기관인 농촌진흥청에서의 연구결과도 현행 퇴비의 배합비율 표시가 정량으로는 불가능해 개선돼야 한다고 내놓은 바 있다. 퇴비의 보증성분은 배합비율과 상관없이 최소한의 공정규격으로 관리하고 있으므로 배합비율 표시가 품질에 결정적 영향을 미칠 것이라는 것도 기우에 불과하다.

실제 해외의 경우에도 부산물 비료의 원료배합비를 표시하는 곳은 찾기 힘들다. 미국의 경우에는 분석 가능한 비료성분만 표시할 뿐 원료배합비를 표시하지 않는다. 일본도 마찬가지로 퇴비원료의 배합비율을 표시하지 않고 주원료와 성분으로만 표시하고 있다. 베트남 또한 미국이나 일본과 다르지 않다. 즉, 국제적으로 퇴비의 원료 배합비율을 표시하는 나라는 없다.

그런데 유독 한국만이 비료관리법을 통해 현실적으로 불가능한 배합비율을 표시하도록 하고 있는 것이다. 지킬 수 없는 법을 만들어 놓고 지키지 않으면 기소하고, 처벌하고 있는 게 우리 눈앞에 펼쳐지고 있는 풍경이다. 비의도적인 불법으로 인해 선의의 비료 업자들의 피해가 양산될 수 있다. 더군다나 이 법을 위반하면 소비자 기망에 해당되어 사기에 해당된다. 특별법인 비료관리법 보다 더 무서운 사기죄로 처벌받는 것이다.

또한 배합 비율은 기업으로 보면 좋은 비료를 만드는 노하우에 해당한다. 그런데 이런 노하우를 공개하라는 것은 기업의 생존기반을 무너뜨리는 법의 폭력이라 할 수 있다. 많은 사람들이 법의 폭력 앞에 힘없이 쓰러져간다. 비료관리법 시행규칙에 따른 퇴비의 '배합비율' 표시 조문은 삭제되어야 하고, 사용자들에게 보다 의미 있는 정보를 줄 수 있도록 거듭나야 한다.

귀농 40년, 오롯이 '유기농의 길'을 넓히고 튼튼히 하기 위해 한 눈 팔지않고 그 길만을 묵묵히 걸어왔다. 그 길을 걸으면서 돌부리에 치이고 비바람에 비틀거리기도 수 십 번이었다. 그때마다 오직 농촌과 농민, 환경을 살려야 한다는 생각으로 꿋꿋하게 버텨왔다. 이 책은 40년을 걸어 온 유기농의 길에서 느꼈던 생각을 담았다. 부디 이 길을 함께 걸어왔고, 또 앞으로 함께 걸어갈 이들에게 조그마한 힘이라도 되길 바라본다.

1장 흙 & 생태

농지가 생태공간이다

흙아 미안하다

논은 생태계의 보고이다

흙은 생명의 어머니이다

흙 가꾸기의 즐거움

흙의 지혜가 숨쉰다

농지가 생태공간이다

텃밭을 가꿀 장소가 얼마든지 있다는 말은 한강 텃밭 문제가 불거진 서울에서는 해당되지 않는 말이다. 서울의 토양은 농업의 근간이 되는 흙이 정상적인 상태가 아니다. 한 뼘 짜리 텃밭에서도 먹을 만한 작물을 길러내려면 제대로 된 흙이 필요하다. 서울에서 아무 곳에서나 텃밭을 가꿀 수 없는 이유는 흙 뿐 만이 아니다. 텃밭을 가꿀 장소가 얼마든지 있다는 말은 흙을 비롯한 경작에 필요한 환경 조건을 무시하고 농사가 심기만 하면 거둬지는 손쉬운 일이라는 오해를 불러일으킬 수 있다.

두 번째로 친환경 농법 등 어떤 형태의 재배를 하든지 경작은 하천을 오염 시킬 수밖에 없다는 말은 경작이 하천의 오염원이라는 점만 강조하고 있다. 담수된 논의 홍수피해 방지 효과와 토양 오염 물질의 흡수 등 경작으로 인한 장점도 많다. 또한 서울에서도 활발히 이루어지고 있는 도시 농업은 대부분 친환경 유기농을 선택하고 있고 한강 텃밭도 마찬가지였다. 송파구 솔이텃밭을 비롯하여 용산구 친환경 텃밭을 일구는 주민들 모두 화학 농약과 비료를 절대 사용하지 않겠다는 결의로 텃밭 농사를 시작하고 있다. 하천을 오염시키는 경작에 대한 연구는 주로 화학농약과 화학비료를 사용하는 관행농업을 대상으로 한 것이다. 국내에서는 유기농업에 의한 하천 오염에 대한 정확한 연구는 아직 이루어지지 않았다. 이러한 사실을 배제하고 무조건 경작이 하천을 오염시킨다는 말은 예로부터 유기농으로 농사를 지으며 맑고 고운 금수강산을 지켜왔던 우리의 조상들의 지혜를 부정하는 이야기이다.

농사에 대한 일말의 오해가 풀렸기를 고대하며 서울시민들에게 제안한다. 생태 공간 확보를 목적으로 하천 내 경작을 금지 한다면 이를 뒤집어 하천 내 경작을 통해 생태 공간 확보를 하는 것이 어떤가. 그 일환으로 농약이나 비료를 사용하지 않는 전통적인 방식의 무투입 농법으로 우리 토종 쌀을 재배하는 토종논을 만들어 보자. 투입되는 것이 없으면 오염원이 발생할 이유가 없다. 하천변에 유채밭 등의 꽃밭, 갈대 습지 등을 조성하는 것과 마찬가지로 벼를 심는 것이다. 이를 통해 경작지의 생태적 가치를 알리고 우리를 먹여 살리는 농사의 가치에 대해 사람들이 생각해 볼 수 있는 기회를 제공한다. 더 나아가 전통방식의 토종벼 재배로 예부터 이어져 오는 우리나라 고유의 농경문화를 체험하는 장을 만들 수도 있을 것이다.

농지와 생태공간을 분리하여 생각하는 이분법적 사고를 탈피하여 하나의 생태공간으로서 농지를 받아들이자. 농지가 바로 생태공간이다.

흙아 미안하다

최근 지구온난화를 비롯한 여러 가지 환경 문제가 심각한 문제로 인식되고 있는 가운데 많은 사람들이 환경보호를 소리 높여 이야기하고 있다. 인간은 여전히 예측할 수 없는 자연재해에 속수무책으로 당하기도 하지만 이와 동시에 현대문명은 지구의 운명을 송두리째 바꿔놓을 수 있는 무서운 힘을 가지고 있기도 하다. 각종 산업의 발전으로 공기와 물이 오염되어 가고 이로 인한 피해는 자연 뿐만 아니라 인간에게도 고스란히 돌아오고 있다. 흙도 예외가 아니다. 비옥했던 토양은 콘크리트와 아스팔트로 뒤덮여가고 풍성한 생태계의 보고여야 하는 농경지의 토양은 과다한 화학비료와 농약, 제초제로 뒤범벅되어 오로지 농산물을 최대한 많이 생산해내기 위한 식물공장처럼 변해가고 있다.

흙은 셀 수 없이 오랜 세월에 걸쳐 지구상에 형성된 인류의 귀중한 자원이다. 흙의 역사는 곧 지구의 역사이다. 땅에 쌓인 유기물이 미생물과 시간의 도움을 받아 왕성하게 분해되어 영양분이 가득한 겉흙이 되기까지는 천년이라는 시간이 걸린다. 흙은 땅 위의 모든 생물을 잉태하고 길러주는 생명의 어머니이다. 흙은 동물과 식물, 미생물이 공존하는 자연이 만들어낸 최고의 걸작 중의 하나이며 지상의 모든 생물이 의지하고 있는 삶의 기반이다. 흙은 오곡백과를 생산하여 우리를 먹여주고 섬유를 생산하여 우리의 몸을 보호해주며 나무를 키워 우리에게 삶의 터전을 제공해준다. 우리가 살아 숨 쉴 수 있는 산소를 생산해주는 식물들도 흙이 없으면 살 수 없다. 또한 인간을 비롯한 땅 위의 모든 동물들의 배설물과 사체도 결국 깨끗하게 분해되어 다시 흙으로 돌아간다. 생태계의 가장 중요한 구성원인 미생물도 흙이 없으면 제 역할을 할 수 없다. 흙 속 미생물들의 왕성한 활동으로 항생물질을 비롯한 다양한 물질이 생성되어 식물을 건강하게 해줄 뿐만 아니라 흙 속 작은 곤충과 동물들의 상처를 치유해주기도 한다.

고대 인류 문명의 발상지들은 강과 비옥한 토지가 있는 곳에서 시작되었다. 그러나 흙을 황폐화시키는 밀농사와 목축이 번성했던 고대 문명의 발상지는 흙의 생명력과 함께 흥망성쇠를 같이하여 지금은 그 흔적만 찾아볼 수 있을 뿐이다. 찬란했던 이집트 나일강 유역의 문명도 지금은 사막 위의 피라미드로만 그 역사를 기억할 수 있지 않은가. 흙이 없는 암반과 자갈, 모래만이 끝없이 펼쳐지는 사막은 그저 황량할 뿐이다. 이는 흙을 소중히 여기지 않은 문명의 미래와도 같다.

우리의 흙도 지금 신음하고 있다. 과다한 시비로 화학 비료와 소금에 절어 있는 흙, 분뇨와 쓰레기 속에서 썩어가는 흙. 우리 모두의 관리부실과 무관심 속에서 흙이 죽어가고 있다. 흙이 죽은 곳에서는 아무 것도 살아갈 수가 없다. 살아있는 모든 생물이 숨을 쉬듯이 흙도 숨을 쉰다. 좋은 거름은 흙을 더욱 왕성하게 숨 쉬게 한다. 흙의 숨은 흙 속에 살고 있는 무수히 많은 생명체들의 숨이다. 이 숨이 멈추는 순간 이 땅의 모든 살아 있는 것들의 숨도 멈추게 될 것이다. 어머니의 보살핌이 없으면 자식이 살아갈 수 없는 것처럼. 흙은 생명의 어머니이자 만물의 근원이다.

논은 생태계의 보고이다

모내기가 막바지에 접어들고 5월 한낮 기온이 30도를 넘어서고 있다. 5월의 푸르름이 예전과는 사뭇 다르다. 5월은 희망을 가지고 모내기를 하는 시절이다. 그러나 지금 우리의 농촌은 희망보다는 절망이, 푸르름보다는 누런색이 논둑을 뒤덮고 있다. 모내기 하는 논은 풀 나지 말라고 제초제를 뿌리고, 논둑은 풀 죽이는 제초제를 뿌려 대고 있기 때문이다. 모내기 하는 논을 자세히 쳐다보면 푸른 빛 보다는 제초제에 타들어 말라죽은 풀들로 뒤덮인 황무지와 같다.

원래 우리의 논은 단순히 쌀만 생산하는 곳이 아니라 붕어, 미꾸라지, 새뱅이 등과 같은 각종 민물고기를 통해 우리에게 필요한 단백질도 함께 생산하는 곳이다. 논이 죽는다는 것은 우리의 생명인 물이 죽고 흙이 죽는다는 것을 뜻한다. 논을 통해 모든 생명들이 살아 움직이기 때문이다.

우리나라 농업이 벼농사를 중심으로 발전해온 것에는 몇 가지 이유가 있다. 첫 번째는 아시아 몬순 기후에 속해 있어 중위도에도 불구하고 열대와 같은 고온의 여름이 있고 연간 평균 1,300㎜에 이르는 많은 비가 내린다는 것이다. 두 번째는 벼가 안정된 생산력을 가지는 작물이고 담수조건하에서는 매년 연작을 해도 연작 장해를 일으키지 않는다는 점이다. 그리고 우리나라는 산이 많아 경사진 지형을 이용한 논의 물 관리가 용이하고, 담수를 통해 잡초가 만연하는 것을 억제했다. 또한 담수조건은 유기물의 분해를 지연시켜 지력소모를 막아주므로 벼농사가 발달할 수 있었고 동시에 논은 수많은 생명들이 공존하는 삶의 터전이 될 수 있었다.

우리의 먹을거리를 책임져 온 벼농사는 우리 국민에게 있어 생명과도 같은 존재이다. 그런데 생명을 짓는 벼농사에 농민들이 제초제를 살포하는 이유는 무엇일까? 지금은 예전처럼 벼 수량을 높이기 위하여 논둑을 만들고 빈자리가 생기면 보식을 하던 시대가 아니다. 그런데도 논둑에 제초제를 살포하는 것은 습관처럼 행하는 일이 아닌가 의문을 가져볼 일이다. 더군다나 쌀이 남아도는 요즘 시대의 벼농사는 수량을 올리는 것 보다는 물을 살리고 흙을 살리고 환경을 살리는 일이 중심이 되어야 한다.

경상도 사람들은 쌀을 살이라고 한다. 우리가 먹는 쌀은 곧 우리의 몸과 같다. 쌀을 내 몸이라고 생각해야 한다. 우리가 쌀을 버리면 쌀이 우리를 버리는 시대가 곧 올 것이다. 이제부터라도 5월이 되어도 제초제가 뿌려지지 않는 논을 보고 싶다. 푸르름이 살아있는 농촌이 보고 싶다. 논이 쌀만 생산하는 곳이 아니라 생명의 어머니로서, 생명을 잉태하는 장이라는 인식의 변화가 필요한 때이다.

흙은 생명의 어머니이다

매년 3월 11일은 '흙의 날'이다. 2015년, UN이 지정한 '흙의 해'에 우리 정부는 '흙의 날'을 법정기념일로 제정하고 정부와 지자체가 매년 기념행사를 실시할 수 있는 근거를 마련했다. 바로 친환경 농어업육성 및 유기 식품 등의 관리 지원에 관한 법률 제 5조 2항에 명시된 내용으로 매년 3월 11일을 '흙의 날'로 제정하여 기념한다는 것이다. 3월 11일의 월에 해당하는 숫자 3은 농사가 시작되는 달로써 우주를 구성하는 하늘, 땅, 사람 그리고 농업, 농촌, 농민 등 복합적 의미를 가지고 있으며 11일은 한자 10(十)과 1(一)을 합한 흙(土)을 상징하는 숫자이다. 결국 '흙의 날'인 3월 11일은 농사의 시작과 아울러 하늘과 땅과 사람의 기운이 모여 흙에 생명을 불어넣는다는 의미인 것이다.

이처럼 '흙의 날'이 공식적으로 법률에 명시되고 이를 국가적인 차원에서 기념할 수 있게 되어 이제껏 흙을 살리고 지키기 위해 노력한 사람으로서 감회가 새롭다. 우리나라의 본격적인 흙살림 운동은 1991년 민간에서 태동한 유기농업 운동에서 그 시작을 찾을 수 있다. 그렇다면 유기농업과 흙은 과연 어떤 관계가 있는 것일까. 유기농업의 성공여부는 흙에서 시작되고 흙에서 끝난다고 해도 과언이 아니다.

흙은 생명의 어머니이자 그 자체로 살아있는 생명체이다. 모든 살아 있는 생명들이 숨을 쉬듯이 흙도 숨을 쉰다. 그 숨은 흙 속에 살고 있는 무수히 많은 생명체들이 내쉬는 숨이다.

흙 한 숟가락 속에는 지구 인구보다도 많은 생명체가 살고 있다. 이 작고 작은 생명들이 모이고 모여 비록 한 줌의 흙일지라도 하나의 생태계가 되고 생명 순환의 근원이 된다. 흙이라는 생명체를 만드는 가장 작은 구성원인 미생물이 흙 속의 유기물들을 끊임없이 분해하여 영양분을 만들어 내면 흙 속에 뿌리 내린 식물이 자라게 되고, 식물들은 인간의 중요한 먹을거리가 됨과 동시에 다시 흙으로 돌아가 유기물이 된다. 이러한 순환 속에서 흙과 사람은 완전히 분리된 별개의 개체가 아니라 중요하게 연결되어 있는 생명의 공동체이다.

흙이 병들면 사람도 병들고 허약해진다. 병든 흙에서 난 농산물을 먹은 우리의 몸도 결코 건강할 수 없다. 흙을 소중하게 다루어야 할 이유가 바로 여기에 있다. 건강한 흙이 인류를 건강하게 만든다는 사실. 그렇기 때문에 흙은 다음 세대에 물려주어야 할 소중한 자산이기도 하다. 흙은 모든 생명의 근원이고 우리 삶의 터전이다. 또한 우리 농업, 농촌, 농민의 밑바탕이다. 흙은 도시민에게도 중요한 삶의 원천이다. 흙을 가까이 하는 사람은 건강을 얻을 수 있고 좋은 흙에서 생산되는 좋은 농산물을 먹을 때 새로운 기쁨도 누릴 수 있다. 흙은 아스팔트 아래에서도 새로운 생명을 찾기 위해 노력한다. 흙은 끊임없이 우리에게 희망의 메시지를 전달한다. 농촌이나 도시할 것 없이 모두가 흙은 중요한 우리의 생명의 원천이라고 여길 때 우리의 흙이 살아날 수 있다.

'흙의 날'을 맞이하여 흙이라는 생명의 근원에서 태어난 모든 사람들이 흙을 이해하고 아끼는 날이 되었으면 한다. 흙을 살리는 일이 물과 공기, 나아가 환경을 살리는 일이라는 것을 우리국민 전체가 깨달아야 한다. '흙의 날'이 관련 학자들과 정부, 농민들만의 잔치가 아니라 흙 위에서 있는 우리 모두가 기념하는 잔칫날이 되기를 기대하며 우리국민 전체가 흙살림 운동에 참여하는 그 날을 꿈꾸어 본다.

흙 가꾸기의 즐거움

텃밭은 집 주변 공터, 베란다, 옥상, 화분 등을 이용해 직접 씨앗을 뿌리고 화학비료와 농약을 사용하지 않고 채소를 가꾸는 것을 말한다. 비록 큰 공간은 아닐지라도 식물이 자라는 것을 온몸으로 체험하는 마당이 되고 음식물 쓰레기를 재활용할 수 있으며, 스스로 환경을 지키는 생활 훈련으로 자리매김되고 있다. 특히 텃밭은 온 가족이 함께 참여하여 씨를 뿌리고 작물을 재배하므로 아이들은 텃밭의 흙을 통해 생명과 자연의 소중함을 느끼고 수확의 기쁨까지 배울 수 있는 것이다.

예로부터 우리 조상들이 가꾸어 오던 텃밭이 이제 새롭게 조명되어야 할 시점에 왔다. 지금까지 우리는 예로부터 내려오던 좋은 기술이나 삶의 방식은 무시되고 외국에서 온 문화나 기술이 이 사회를 점령하고 있다.

화학비료와 농약이 마치 최선의 최고 명약처럼 운위되고 있는 것이다. 그러나 화학비료로 키운 작물은 마치 온실에서 자란 것처럼 약할 수밖에 없다. 빠른 성장과 많은 열매가 맺도록 인위적으로 키워졌기 때문이다. 이렇게 키워진 작물은 병충해에 약할 수밖에 없어 반드시 또 농약에 의존해야 한다. 그러면 더더욱 흙은 죽어가고 비료와 농약에 대한 의존도는 더더욱 커진다. 악순환이 되풀이되는 것이다.

흙의 숨통을 더욱 옥죄는 것은 강한 독성을 가진 제초제이다. 이를 흙에 뿌려주면 어떻게 되겠는가. 원래 다양한 식물을 서로 돌려가며 함께 키우면 병충해도 적고 풀 문제도 그리 심각해지지 않는다. 다양한 작물을 함께 키우면 단일종의 병해충이 창궐할 수 없고 풀도 무성하지 않고 단순해진다.

텃밭농업은 결국 생태계를 이용하여 병이나 충을 방제하고, 화학비료 없이도 사람과 작물이 서로 협력하는 순환시스템 속에서 작물이 건강하게 자라고 환경 또한 깨끗이 정화되는 것이다.

예로부터 우리는 텃밭을 이용하여 우리가 먹고 버려지는 음식물 찌꺼기나 똥과 오줌을 뿌려 순환하게 만들었다. 그러나 지금은 우리가 버리는 똥과 오줌을 처리하기 위하여 엄청난 에너지를 사용 하고 있다. 우리가 버리는 똥과 오줌이 바다의 물고기가 먹고 그 물고기를 다시 우리가 먹는 시스템으로 엄청난 규모의 에너지가 필요하게 된 것이다.

우리나라에서 농약사용은 조선 세종 때 정초가 지은 〈농사직설〉에 대마의 줄기나 누에의 열탕 추출물에 종자를 침종하여 해충 발생을 예방한 것이 가장 오래된 기록이다. 우리나라의 옛 문헌에도 채소나 과수의 해충방제를 위하여 고삼뿌리나, 도꼬마리, 쑥, 석회수를 사용하여 해충을 예방하였거나 방제하였다는 기록들이 있다. 우리나라에도 옛 조상들이 경험했던 수없이 많은 농사기술이 있었던 것이다. 우리나라에 맞는 농사방식이나 기술을 잘 살리고 외국의 좋은 기술이 우리 기술을 진일보시키는데 기여하도록 만들어야 한다. 그러나 지금은 농약과 비료사용기술이 우리 농업을 지배하고 있다. 참으로 안타까운 일이다.

이제 우리의 농업은 환경과 뗄 수 없는 관계에 있다. 우리의 환경, 물과 흙과 공기를 살리기 위해서도 농업을 살리고 텃밭을 살려야 한다. 단작

위주의 비료나 농약을 넣지 않으면 안 되는 농사기술이 아니라 농약과 비료 없이도 농사가 가능한 기술과 문화를 만들어야 한다.

먹을거리의 안전성이 심각한 이 때, 우리의 환경을 살리고 사람을 살리고 그리고 땅을 살리는 대안은 소규모 영농에 텃밭 농사를 활성화하는 방법이 유일한 대안임을 강조한다. 그러기 위해서는 결국 생산자와 소비자가 신뢰의 관계로 맺어지는 직거래 방식으로, 대규모 기업적 농업이 아닌 중소규모 가족농 방식의 영농, 텃밭 영농에 대해 진지하게 고민하고 활성화 방안을 찾아야 할 것이다. 사람이 중심에 서서 작물을 재배하는 구조가 아니라 사람과 작물이 주위의 물과 공기와 서로 어울려 우리의 먹을거리가 된다는 것을 기억하고 생각할 때가 바로 지금이다.

흙의 지혜가 숨쉰다

흙은 우리에게 많은 것을 가져다 준다. 흙을 제대로 관리 못하면 사막처럼 되어 우리에게 엄청난 피해를 가져다 준다. 예로부터 우리의 조상들은 흙 관리를 제대로 해왔다. 흙에서 생산되는 모든 유기물을 다시 흙으로 돌려주고 흙은 다시 인간에게 먹을 것을 가져다 주는 순환농업이 진행되어 왔던 것이다.

흙은 인간이 생산하는 모든 나쁜 물질들을 깨끗이 소화시키고 정화해서 그 독성을 없애 주고 작물이 잘 자랄 수 있도록 영양분을 보관해서 작물이 잘 먹고 클 수 있도록 해왔다. 지금까지 우리는 흙에게 좋은 먹이를 주지 않고 빼앗아 먹기만 해왔다. 먹이는 주되 흙의 먹이를 주는 것이 아니라 작물을 빨리 키우기 위한 목적으로 흙의 소중함을 무시하는 농법 위주의 농사 방법이었다.

흙에게 줄 수 있는 좋은 먹이인 자연산 유기물들은 흙을 살찌우는 먹이가 될 수 있다. 부엌쓰레기, 분뇨, 낙엽, 검불, 각종 깻묵류, 쌀겨 등은 모두 훌륭한 유기물이다. 더럽고 지저분하다고 마구 버리고 함부로 다룬 것이 지구를 죽이는 흉물로 변하게 했고 공해물질로 전락하게 했다. 이 공해물질을 처리하는 비용 또한 얼마인가?

우리의 부엌에서 나오는 생활쓰레기 문제는 또 얼마나 심각한가? 하루에 발생되는 생활쓰레기 8만 4,000톤 가운데 음식물쓰레기가 2만

6,000톤(5톤 트럭으로 5,200대)으로 28.5%를 차지하고 있으며, 돈으로 환산해 보면 연간 8조원에 이르는 어마어마한 금액이다. 이러한 생활쓰레기를 줄이는 방법으로 감자, 귤, 사과, 유정란 등의 껍질을 가능한 말려서 농촌에 보내는 일은 흙을 살리는 첫걸음이라 할 수 있다. 이렇게 보내온 생활쓰레기는 농촌의 퇴비장으로 보내어져 작물재배에 유용하게 이용될 수 있다. 이러한 일은 도시와 농촌을 연결하는 중요한 고리가 될 수 있다.

물이 죽어가고 있다. 물이 죽어가는 가장 주된 이유는 바로 흙이 죽어가기 때문이다. 우리가 사는 이 땅, 농작물을 생산하는 소중한 흙이 죽으면 물은 자연히 죽을 수밖에 없다. 한동안 언론에서는 물을 살리는 일이 중요하다고 떠들어 댔다. 물을 살리기 이전에 바로 흙을 살리지 않고는 물 살림은 있을 수 없다. 수돗물 속에 검출되는 암모니아성 질소는 바로 흙이 제 구실을 못하는 단적인 증거다. 이 땅을 살아 숨쉬는 땅으로 만들기 위해서는 바로 우리 스스로의 노력이 무엇보다 중요하다. 우리들 한사람 한사람이 흙의 중요성을 인식하고, 나아가 더럽고 버려지는 모든 물질들이 흙으로 순환될 때 이 땅은 다시 힘을 갖고 모든 더럽고 지저분한 일을 처리 해낼 것이다.

흙은 하나밖에 없는 지구의 살이고 몸체이다. 이러한 흙이 썩고 문들어진다면, 그 속에서 사는 우리의 생명체는 과연 온전하겠는가? 우리가 먹고 사는 일은 바로 흙이 주는 최대의 선물이다. 지금까지 우리는 받기만 좋아하고 주기는 꺼려 왔다. 이제 우리 모두는 흙을 살리는 일에 같이 참여해야 한다.
주부의 작은 실천이 바로 흙을 살리고 농업을 살리는 첫걸음이 될 것이다. 흙을 같이 살리는 길이 농촌과 도시를 한 몸으로 만들고 영원히 같이 사는 길이 될 것이다.

2장 환경 & 생명

환경을 지키는 농업이 미래 농업의 대안이다

우리는 왜 환경농업을 하는가

흙을 지키는 농업으로 가는 길

유기농 과일을 먹기 힘든 진짜 이유

껍질째 먹는 유기농 감자

기후위기 시대 과일을 생각하다

환경을 지키는 농업이 미래 농업의 대안이다

한국 농업의 미래를 걱정하고 고민하는 많은 사람들이 한결같이 이야기하는 말이 있다. 우리나라 농업이 친환경농업이라는 방향으로 진행되었을 때 식량자급이라는 엄청난 대의를 저버리는 일이 아닌가 하는 것이다. 농업이 우리 국민의 식량을 자급하고, 환경을 지켜 나가는 두 가지 일에 충실한 역할을 담당해야 한다는 것은 누구도 부인하지 못한다. 그러나 IMF 외환위기를 겪으면서도 광우병, 구제역을 당하면서도 농업과 농촌의 중요성에 대해 인식하지 못하는 사람들이 수없이 많다는 사실에 우리 또한 놀라지 않을 수 없다.

우리 사회는 지금 농업 본래의 모습보다는 농업과 환경이 어떠한 관계와 순환성이 있는지에 관심이 쏠리고 있다. 농업을 걱정하고, 식량자급을 소리쳐 외치는 농업분야의 수많은 사람들이 농업 본래 갖고 있는 환경의 중요성을 저버린다면, 농업 스스로 보호가치를 잃어버린다는 사실을 알아야 할 것이다. 광우병의 위협으로 우리 식습관에 변화가 일고 채식주의가 TV에 보도되고 있으며, 기존 식품산업은 유기농 위주로 변화되고 있다. 유럽에서는 녹색당의 위상이 높아지고 있으며, 광우병 확산의 원인으로 지탄받고 있는 공장식 농업에 대한 유럽연합의 보조금 제도에 개혁을 일으킬 가능성마저 보이고 있다. 독일의 농업정책이 기업형 농업에서 가족농 중심으로 바뀌고, 광우병으로 사망한 사람이 86명, 감염자가 13만 6천명으로 추정되고 있는 영국은 카리브해의 섬을 통째로 유기농화 하는 사업을 추진 중에 있다.

국민소득의 향상과 함께 농산물 소비도 고급화되어 농산물의 품질이 중요한 선택의 기준이 되었다. 특히 농산물 품질을 결정할 때 농산물의 안전성은 아주 중요한 요소로 자리잡아 가고 있다. 이러한 시대적 변화, 소비자 의식수준 향상과 농민 내부의 건강에 대한 새로운 인식의 전환 등의 요인으로 환경보전형 농업의 중요성은 날로 커지고 있다. 이에 환경보전형 농업을 실천하려는 시도들 또한 많아지지만 새로운 농업 기술에 대한 어려움 때문에 제대로 자리잡지 못하는 실정이다.

환경을 지키는 농업의 목표는 농업생산을 환경과의 조화 속에서 이끌어내는 데 있으며, 이를 위해서는 농지의 집약적 이용을 억제하여 농산물 생산에 따른 환경 부하를 줄임과 동시에 경관 보전과 야생 동식물의 보호를 함께 추구해 나가야 한다. 환경을 지키는 농업은 지역이나 나라마다 처한 농업여건에 따라서 목표나 수단이 다양하지만, 농업 활동으로 인한 자연생태계의 파손을 최소화함으로써 지속적인 농업생산을 가능하게 하려는 공통점을 지닌다. 환경보전형 농업이 추구하는 목표가 포괄적이며 지속적임을 생각할 때 선진국에서 추구하고 있는 지속적 농업(미국), 대안적 농업(독일), 저투입 지속적 농업(일본), 유기농업, 자연농업 등이 환경보전형 농업에 포함될 수 있다.

환경보전형 농업의 기술경영방식은 미생물의 이용과 유기물을 이용한 퇴비 제조 및 토양관리 등이 중요하다. 환경보전형 농업을 실천하고 있는 농가의 특성은 일반농가에 비하여 젊고 학력도 높은 편으로 신기술 수용이 적극적이고 수량감소 위험에 대해서도 도전적이라는 사실이다.

환경보전형 농업이 제대로 뿌리내리기 위해서는 우리 나름대로의 원칙과 목표가 분명해야 하며 그 목표 속에서 기술력을 갖추기 위한 노력이 필요하다. 상상력이 동원된 기술력만으로는 전체 한국농업 속에서 발전의 한계는 분명하다. 따라서 우리 나름대로 근거 있는 기술이 필요한 시기가 왔다. 환경보전형 농업을 실천하는 핵심과제 중 하나인 화학비료의 극복 방안이 상당히 중요한 문제인 데도 아직 뚜렷한 대응 방안이 없다. 이제 환경보전형 농업을 실천하기 위해 몇 가지 방안을 제시한다.

첫째, 자기가 경작하고 있는 흙의 상태를 분석해야 한다.
내가 경작하고 있는 흙의 건강상태를 먼저 알아야 처방이 제시될 수 있다. 사람도 병이 나면 병원으로 가서 가장 먼저 하는 일이 체온이나 혈액검사 등이다. 내가 경작하고 있는 흙의 산도, 염류, 각종 무기 성분 등의 분석과 토양미생물의 분석이 선행되어야 한다. 요즘은 각 시군 지도소에서 대부분 토양검정실을 운영하고 있기 때문에 농민들이 조금만 신경을 기울이면 자기 경작지에 대해 성분 분석이 가능하다. 지도소에서 분석하기 힘든 토양 미생물 분석은 흙살림연구소에서 가능하다.

둘째, 자기가 재배하고자 하는 작물의 시비 기준량을 알아야 한다. 작물별 시비 기준량은 농촌진흥청에서 제시한 시비 기준량을 참고하면 된다. 보통 작물별로 밑거름과 추비의 시비기준이 있기 때문에 시비기준에 따라 작물별 시비량을 결정하면 된다. 현재 대부분 토양에서 염류집적이 과다한 상태이며, 질소나 인산의 과다사용은 병해를 일으키는 원인이 되므로 정확한 시비량은 건강한 작물을 재배하는데 무척 중요한 요소이다.

셋째, 어떠한 유기물을 투입할 것인지를 결정해야 한다. 화학비료를 대체할 수 있는 유기물 중 질소 성분이 많은 깻묵류와 인산 성분이 많은 쌀겨, 칼륨 성분이 많은 어분 등을 주로 활용하여 질소 성분을 많게 하려면 깻묵류를 더 첨가하고 인산 성분을 많게 하려면 쌀겨를 더 추가하는 식으로 적용해 가면 되고, 이외에도 게 껍질, 골분, 혈분 등 주위에서

쉽게 구할 수 있는 것들을 알아보면 좋다. 참고로 쌀겨 100kg + 깻묵 50kg + 게 껍질 20kg을 섞어 발효시킨 균배양체의 비료성분을 살펴보면 질소 8.5kg, 인산 3.4kg, 칼륨 3.4kg이다. 화학비료를 제외한 대부분 유기질비료의 질소, 인산, 칼륨 함량은 1% 내외를 보이는 반면 깻묵류와 쌀겨의 경우 2~5% 내외의 분포를 보여 비교적 많은 비료 성분을 함유하고 있음을 알 수 있다.

화학비료 과다 사용의 문제점이 부각되면서 부산물 비료나 유기질 비료의 사용이 증가하고 있지만 대부분 가축 분뇨에 톱밥 등 탄소질을 섞어 발효시킨 것으로써 이는 비료 성분의 공급보다는 수분 보유력이나 토양 완충력을 증대시키는 토양개량제로서의 역할이 크다. 따라서 토양의 물리적 상태는 개선될 수 있지만 퇴비사용만으로는 근본적인 비료성분의 부족을 해결할 수 없다. 일반 완숙 퇴비의 경우 산도 8.5, 염류농도 1이하의 수치를 보이지만, 깻묵이나 쌀겨를 발효시키면 산도 6.5, 염류농도 4 내외의 수치를 나타내므로, 일반퇴비보다 비료성분이 상당히 많음을 알 수 있다. 따라서 깻묵류와 쌀겨 등에 함유되어 있는 비료 성분을 발효시킨 후 공급한다면 환경보전형 농업에서의 비료 성분 분석을 상당 부분 극복할 수 있을 것이다.

환경보전형 농업이 미래농업의 대안으로 자리잡기 위해서는 농민과 소비자가 힘을 합해 나가야 한다. 지금까지 우리 농업은 고투입에 따른 생산력 증가에만 관심을 기울여왔다. 유기농업이 갖는 한계성을 인정하고 그 한계 밖의 것을 달성하려 한다면 여러 가지로 무리가 따른다는 사실을 직시하여야 한다.

우리는 왜 환경농업을 하는가

몇 년 전까지 만해도 한국에서의 환경농업은 농업에 의한 환경파괴를 걱정하고, 환경파괴에 의한 먹을거리 오염을 걱정하는 소수의 의식 있는 농민들에 의한 생명운동 차원이었다. 그러나 1994년 농림부 안에 환경농업과가 설치되고 환경농업을 실천하는 중소 농가들에 대한 국가적 지원이 시작되면서 환경농업은 새로운 국면을 맞기 시작하였다.

최근에는 중소농 고품질 농산물 생산지원 차원을 넘어서 환경농업지구 조성, IPM(병해충종합관리), INM(양분종합관리)을 실천하는 친환경농업 시범마을 조성, 환경농산물의 유통활성화, 직접지불제 등으로 정부의 환경농업에 대한 지원이 확대되고 있다.

그동안 개별적으로 활동해 온 환경농업단체들도 단체 상호간의 친목과 정보교류는 물론, 환경농업에 대한 사회적 인식을 높이고 환경농업 발전에 공동으로 노력하기 위하여, 1994년 9월 28일 처음으로 환경보전형 농업생산 소비자단체 협의회를 결성하고 환경농업법 제정을 위한 3년여에 걸친 노력으로, 1997년 11월 18일 환경농업 육성법이 국회를 통과하게 되었다.

그러나 환경농업의 실천과정에서 관심은 많으나 현장적용 기술의 부족으로 환경농업을 실천하는 농가들의 피해가 속출하고 있다. 심지어 몇년간 스스로의 실험과 경험으로 우리나라 현실에는 맞지 않다는 결론에 도달한 농민들이 환경농업을 포기하는 일도 많이 생기고 있는 현실이다.

환경농업의 새로운 출발은 환경농업을 실천하는 일부 농민들의 깊은 자기 반성과 환경농업을 지도하는 단체들의 회원 돌보기를 적극적으로 실천해야 한다. 농산물 생산에 대한 공통된 기준을 확립하여, 투명하고 믿고 안심할 수 있는 안전한 농산물이 생산되어 환경농업이 자연생태계의 파괴를 막고 농업의 지속가능성을 높이며 소비자들의 건강을 지키는 공공적 기능을 성실히 수행하고 있다는 사실을 보여줄 때가 되었다.

우리나라 환경농업의 현실은 아직도 초보단계에 머물고 있다. 지금까지 우리나라 유기농업 기술은 주로 일본이나 외국에서 도입된 효소농법이나 일본 유기농업 단체들의 유기농업 기술을 재편집한 것이다. 특히 우리나라에서 표현되고 있는 효소농법은 엄밀하게 말하면 효소농법이 아니고 미생물 농법인 것이다.

환경농업을 지도하고 보급하는 농민단체 또한 자금이나 기술, 연구인력 등이 부족하여 미생물이나 액체비료의 판매를 통하여 재정운영을 하고 있으며, 기존 회원들의 적극적인 관리나 교육보다는 회원 늘리기에만 관심이 있는 것이 사실이다. 또한 우리나라의 환경농업 기술은 우리 흙과 기후에 적합한 농법의 검증이나 과학적인 실험 없이 막연한 상상력을 보태 농민들을 교육하여 농민들이 현장에서 이를 적용하는데 많은 실패를 거듭하고 있다. 이로 말미암아 현장 농민들 또한 환경농업에 대한 불신이 팽배해 있다. 특히 환경농업 기술은 일반 관행농업 기술과 완전히 다르다는 상업주의 논리에 따라 농민들의 혼선 또한 더욱 커지고 있다.

사회적으로 환경농업 바람이 일어나면서, 농민들에게 판매되고 있는 모든 유기농자재와 미생물 효소에 대한 객관적인 검증과 공인이 따라야 할 것으로 생각된다. 일부 유기농 자재를 판매하고 있는 단체나 회사에서는 마치 만병통치약으로 농민들에게 소개되는 경향이 있다. 자칫 잘못하면 환경농업에는 이런 미생물 농자재가 없으면 농사가 되지 않는 것으로 착각하는 농민들도 일부 있다.

이러한 미생물 농자재는 환경농업을 실천하는데 일부 보조 역할을 수행한다는 사실을 분명히 할 필요가 있다. 환경농업을 장사꾼의 장사수단으로 활용되어서는 안된다.

특히 환경농업 단체와 정부의 연구기관이 공동으로 환경농업 자재 검증이나 환경농업에 대한 연구 검사 기능을 수행해야 무분별하게 방치되고 있는 환경농업 자재와 농법에 대해 일대 변화를 가져올 수 있는 계기를 마련할 수 있다.

흙을 지키는 농업으로 가는 길

오늘날 세계는 대량생산에 기초한 산업화의 심각한 후유증을 앓고 있다. 우리의 미래와는 전혀 관계없는 자원개발과 소비로 인해 물과 공기와 흙이 오염되고 농업 환경이 극도로 파괴되고 있다. 우리나라가 물이 부족한 나라로 분류되고 있는 이 시대에 삼천리 금수강산이라는 말이 옛말이 되고 있다. 또 자연과 함께하는 농업 마저도 화학비료와 농약의 과다 투입으로 농업환경이 무너지고 우리 먹을거리의 안전성까지 심각한 위협을 받고 있다.

세계 각국은 지구 환경이 더 이상 파괴되는 것을 막고 하나밖에 없는 지구를 지키기 위하여 다양한 운동을 전개하고 있다. 농업에서도 농업과 환경을 조화시켜 지속적인 농업 생산력을 유지하고 소비자에게 안전한 먹을거리를 공급하기 위해 여러 가지 다양한 노력들을 경주하고 있다.

친환경농업의 필요성이 제기되는 이유는, 국내적으로는 환경오염과 식품의 안전성 문제가 더 이상 방치될 수 없는 단계에 이르렀다는데 있다. 식품의 안전성에 대한 소비자의 욕구가 증대되고, 농사를 짓는 농민들의 건강이 심각해지고 있으며, 도시와 농촌을 연결하는 관계로서 유기적인 관계가 더욱더 요구되고 있다. 농업은 생산물의 경제적 가치와는 별도로 수자원 보호, 홍수조절, 대기정화, 자연경관 유지 등 돈으로 그 가치를 환산하기 힘든 막대한 공익적 기능을 수행하고 있다. 그러나 최근에는 농업 생산활동 자체가 환경을 오염시키고 생태계 질서를 깨뜨리는 등 부작용을 낳고 일부 농산물에서 잔류농약이 검출되는 문제가 발생하면서 자연환경에 대한 농업의 역기능에 대한 우려가 점차 커지고 있다. 우리나라는 1960년대 이후 식량 증산을 위해 화학비료와 농약에 크게 의존하는 농법을 사용해 왔기 때문에 환경에 많은 부담을 주어 왔다. 지금까지 우리나라 농업의 가장 커다란 문제는 작물을 키우고 살찌우는 흙에 대해 관심이 별로 없었다는 것을 들 수 있다. 우선 우리 농민이나 국민들이 '흙은 살아있다' 라는 개념에서 흙을 바라보아야 우리나라 환경 농업의 길을 새롭게 열 수 있다.

친환경농업의 기본은 바로 흙이다. 흙에 대한 새로운 관심과 흙살림 운동의 실천이 바로 물을 살리는 길이고 흙을 살리는 길이다. 흙은 우리에게 무궁무진한 신비의 세계이다. 흙은 생명의 근원이고 우리의 삶의 터전이며, 우리 농업의 바탕이다. 흙은 생물체로서 모든 생물이 숨을 쉬듯이 흙은 살아 있고 흙 속에 살고 있는 토양 미생물도 숨을 쉬면서 활발한 활동을 하는가 하면, 흙을 바탕으로 식물도 왕성하게 자라게 된다. 이러한 흙이 산업화에 따른 환경오염과 생산량의 증대에만 목적을 둔 생태계 파괴형 농업으로 생명력을 잃고 중병에 걸려 신음하고 있다. 사람과 흙은 서로 나누어져 있는 것이 아니라 하나를 이루는 공동체이기 때문에 흙이 병들면 사람도 병약해진다. 병든 흙은 삶의 터전을 황폐화하고 그 흙에서 난 농산물은 우리의 몸을 해치게 된다. 이것은 토지의 생산력을 크게 떨어뜨려 식량생산 기반마저 위협하게 된다.

나무와 숲, 새와 곤충 같은 세상의 모든 생물은 흙이 베풀어 주는 은혜없이는 존재할 수 없다. 바로 흙은 '생명의 어머니' 이다. 이와 같이 너무나 소중하고 위대한 흙에 최근 세계적으로 큰 위기가 다가오고 있다. 인간의 부적절한 관리로 흙이 본래 지니고 있는 작물 생산기능을 잃고,

외부로부터 유해물과 오염물이 가해져 흙이 가지는 소중한 기능이 손상되어 작물 생산에 적합하지 않게 되고, 유해한 농산물이 생산되고 있는 것이다. 하나밖에 없는 지구, 이 지구가 덮고 있는 흙, 한번 황폐화되면 영원히 회생되지 못하거나 2000~3000년이 걸려야 바윗돌에서 겨우 10cm 정도의 새 흙이 만들어지는 흙, 인류의 밝은 미래를 위하여 흙을 살리고 가꾸고 지키는 일을 소홀히 해서는 안된다. 흙을 살리고 지키는 일은 하늘이 내린 인류의 소명이다.

이제 우리 농업은 농민만의 문제가 아니다. 아직도 농업을 농민 만의 문제로 돌려버린다면 우리의 미래는 엄청난 비극을 초래할 것이다. 농업과 우리 국민들의 건강과 환경은 같이 맞물려 돌아가는 수레바퀴이다. 지금은 이 바퀴가 엉클어져 같이 굴러가지 않고, 제각각 움직이고 있다.

우리 사회의 건강성은 농업만이 가지고 있는 고유의 상품이다. 우리 사회의 건강성 회복을 위한 우리 스스로의 자구적인 운동을 전국민적으로 펼쳐야 할 때이다. 농업의 중요성, 흙의 중요성, 우리 국민들이 먹는 먹을거리의 중요성이 어느 때보다도 강조되어야 할 시기이다. 우리 국민 개개인이 이 땅을 생각해 농업에 대한 바른 시각으로 우리 농산물 먹기 운동을 펼쳐 나가고, 우리 생산자 스스로 안전한 먹을거리 생산운동을 펼쳐 나갈 때, 우리나라와 농업의 장래가 희망의 빛으로 움터 올 것이다.

유기농 과일을 먹기 힘든 진짜 이유

저농약 인증제도는 2001년 친환경농산물 인증제도와 함께 우리나라에 처음으로 도입되었다. 저농약 재배란 화학농약은 허용기준의 1/2 이하 사용, 화학비료는 권장사용량의 1/2 이내 사용, 제초제를 사용하지 않고 재배하는 농사 방식을 말한다. 인증 제도가 시행된 지 23년이 지난 현재 쌀을 비롯하여 대부분의 곡류, 채소류는 저농약을 넘어서 무농약, 유기재배로 전환되었다. 그러나 과수의 경우 지난 2015년 저농약 인증제도가 만료되어 없어질 때까지도 계속 저농약 인증에 머물러 왔다. 저농약 과수 재배농가들이 무농약이나 유기재배로 전환하지 않고 저농약에 머무르다가 끝내 인증을 포기하고 관행 재배로 돌아서거나 농약과 비료 사용이 가능한 GAP인증으로 전환하는 데에는 몇 가지 이유가 있다.

첫째, 우리나라의 여름철 고온다습한 기후와 재배기간이 긴 과수의 특성 상 병해와 충해로 인해 과일의 품질을 유지하기가 쉽지 않다. 우리나라는 아열대몬순기후지역으로 여름 장마기간이 길고 고온다습하다. 그리고 과수는 재배기간이 길다. 일부 재배 기간이 짧은 과일들(블루베리, 매실 등)은 장마 이전에 수확이 가능하여 무농약, 유기농으로도 충분히 재배가 가능하다. 그러나 장마와 태풍을 견디고 가을에 수확하는 과일들은 고온다습한 환경에서 빈번히 발생하는 병과 해충에 취약할 수 밖에 없다. 여름, 가을이 제철인 복숭아, 자두, 포도, 사과, 배, 단감과 같은 대부분의 과일이 해당된다.

둘째, 국내 소비자의 과일을 고르는 기준이 모순적이다. 많은 소비자들의 기준에 의하면 과일은 무조건 크고 예쁜 모양에 흠집이 없어야 하고 맛이 달면서 농약으로부터 안전하기까지 해야 한다. 이러한 기준을 충족시킬 수 있는 과일은 전체 수확물 중에서도 극히 일부이다. 영양적인 면에서나 맛에서 뒤쳐짐이 없는 과일이라도 모양이 예쁘지 않으면 시장에 내놓을 수가 없는 것이다. 외국에서 유통되는 유기농 사과는 작고 단단하고 못생겼다. 그러나 사람들은 오히려 시중보다 비싼 가격을 지불하고 그 사과를 사먹는다. 작고 단단하고 못생긴 사과일수록 약을 치지 않은 깨끗한 사과라는 것을 알고 있기 때문이다. 유기농 과일은 관행 사과와 배처럼 껍질을 깎아먹을 필요가 없다. 껍질 채 한 입 베어 물어야 맛을 제대로 느낄 수 있다. 자라면서 갖은 고난을 겪어내고 얻은 신맛과 단맛의 조화가 바로 유기농 과일의 맛이다.

위와 같은 이유들이 있음에도 불구하고 유기농 과일을 찾아보기 힘든 이유를 대부분의 사람들은 단순히 농사 기술이 부족하기 때문이라고 생각한다. 그러나 40년을 농업 현장에서 지켜본 결과 농민 개개인의 유기농 농사 기술은 외국의 것과 비교해도 뒤지지 않는다. 결국 우리가 유기농 과일을 쉽게 사먹을 수 없는 진짜 이유는 소비자들의 의식 때문이다. 이제는 소비자의 과일에 대한 선택이 변화되어야 한다. 소비자들이 무조건 크고, 달고, 때깔 좋은 과일을 선호한다면 우리나라 과수의 유기농화란 요원한 일이 될 것이다. 조금 작고 흠집이 있더라도 믿고 먹을 수 있는 과일이라는 인식을 키워야 할 때다. 우선은 친환경 학교 급식 등을 통해 우리 아이들에게 껍질 채 과일 먹기 운동을 하는 것도 좋은 방안일 것이다. 화학농약과 화학비료의 힘을 빌리지 않고도 습한 더위와 모진 비바람, 병과 벌레의 공격에서 살아남은 생명력을 느끼는 것. 그 자체가 바로 살아 있는 교육이다. 그리고 입 안을 가득 채우는 새콤달콤한 과일 본연의 맛은 푸짐한 덤이다.

껍질째 먹는 유기농 감자

관행이란 오래전부터 해오던 대로 하는 것을 말한다. 큰 손해나 잘못된 것이 없다면, 관행대로 하는 것은 새 롭게 일을 도모하는 것에 비해 에너지를 적게 쓰는 지 혜로운 방법이라고도 할 수 있다. 하지만 상황이나 조 건이 바뀌면서 관행에 문제점이 나타나기도 하고, 애당 초 잘못된 관행들도 있다. 학교급식에 사용하는 유기농 감자의 공급 방식도 이에 해당한다고 볼 수 있다.

학교 급식에 사용하는 대부분의 감자는 유기 재배 감자이다. 유기 재배는 화학 비료와 화학 농약을 사용하 지 않고 재배하는 감자를 말한다. 화학 비료 대신 퇴비 를 사용하기에 감자 크기가 일반 감자에 비해 크기도 작고 수확량도 적다.

학교 급식에 사용하는 감자는 크기가 150g 이상이다. 대부분 조리에 용이하도록 1차로 감자를 기계로 세척 후 깎아내고, 2차로 사람 손으로 다시 깎아서 진공 포장해 학교에 공급한다. 감자가 최종적으로 학교로 가기 위해서는 개당 80g 내지 100g 정도가 깎여지는 것이다. 감자를 깎기 위해 많은 인력이 필요할뿐더러 물 낭비도 극히 심하다.

그런데 유기농은 원래 껍질째 먹는 것을 권장한다. 자연순환을 거스르지 않는 안전한 방법으로 재배되기 때 문이다. 게다가 유기농 감자의 껍질에는 칼슘, 칼륨, 철분과 같은 인체에 꼭 필요한 미네랄을 비롯해

티아민, 비타민C, 식이섬유 등 학생들의 건강을 증진 시켜 줄 수 있는 성분이 들어있다.

하지만 현실은 유기농 감자의 껍질이 사용되지 못하고 버려지고 있다. 대부분 감자의 속 부분만 급식에서 활용한다. 학교 급식의 경우 농민, 급식 공급자, 영양사, 조리사, 학부모, 교직원, 학생 등의 이해관계가 얽히고 설켜 있는 경우가 많다. 이해 관계자들의 이해와 협력 으로 학교 급식이 환경을 지키는 교육의 출발점이 되기를 바란다.

기후위기 시대 과일을 생각하다

과일 값이 폭등하고 있다. 사과뿐만 아니라 배와 토마토 등 국내에서 생산되는 과일은 모두 금값이 되고 있다. 지금의 가격 폭등은 주로 수량 부족으로 벌어진 일이다. 지난해 봄철 냉해와 탄저병, 화상병을 비롯해 병해충 피해로 생산량이 급감한 영향이 크다. 또한 올 초엔 비 오는 날이 많아 햇빛을 충분히 받지 못해 수확량이 많이 떨어졌다.

한편 과일 가격은 수급 상황과 함께 크기·당도·색깔로도 좋은 가격이 결정된다. 농민들은 좋은 가격을 받기 위해 크고 맛있는 과일을 생산하고자 한다. 화학비료를 과다 사용하면 항상 화학농약이 따라간다. 하지만 더 이상 이와 같은 방식으로 고품질·다수확의 농사를 장담하기는 어렵게 됐다.

원래 농사는 햇빛과 물, 온도, 습도, 토양조건 등에 따 라 결실이 좌우된다. 어떤 농사이든 농사가 성공하기 위해서는 햇빛 부족, 수분과잉, 질소 과잉을 이겨내야 한다. 특히 과일농사는 햇빛에 의해 품질과 수확량이 좌우된다. 그러나 최근 몇 년 동안 우리나라가 가장 자랑하던 장마 후 햇빛마저 부족한 상황이다.

원래 우리나라 농사는 장마기를 어떻게 이겨내느냐가 1년 농사를 결정했다. 그런데 문제는 예전처럼 봄, 여름, 가을이라는 등식이 사라졌다는 데 있다. 봄부터 시작된 장마가 여름, 가을까지 지속되면서 햇빛이 부족하고 수분이 과잉되는 날이 지속되고 있는 것이다. 그럼에도 예전과 똑같은 화학비료와 농약 사용으로는 농사가 어려워진다. 기후변화를 이겨낼 수 있도록 새로운 방식의 기술과 노력이 필요하다.

더불어 지금의 기후위기 속에서 소비자들의 생각과 선택도 달라져야 한다. 특히 우리나라 소비자는 맛이 달고 큰 과일을 선호한다. 작고 못생긴 과일은 무시해 왔다. 하지만 기후위기가 현실로 다가오면서 예전의 과일만을 찾아서는 답이 없다. 기후가 변화되는 시기에 맛있고 큰 과일은 기대하기가 어렵기 때문이다. 지금은 못생기고 작은 과일이 주인 노릇을 할 수 있도록 소비 자들의 각성이 필요하다. 생산자들의 땀과 정성이 담긴 과일을 소비자들이 기꺼이 받아들일 수 있도록 생각이 바뀌어야 한다.

흙살림은 지난해 친환경 토마토을 비롯해 과일을 많이 공급했다. 이번 겨울기간 토마토는 흙살림이 토마토를 취급한 이래 가장 비싼 시기이기도 했다. 기후변화로 인한 이 위기를 근본적으로 극복하기 위해서는 자연재해와 병해충 피해를 예방할 수 있는 생산 기술의 변화와 함께 과일을 보는 소비자들의 눈이 바뀌어야 희망이 있는 것이다.

3장 유기농 & 미래

친환경농업, 위선의 가면을 벗자

유기·무농약 재배가 감소하는 이유

잘못된 농업 정책과 농업·농촌·농민의 위기

유기농 3.0 괴산 선언

미래를 위한 친환경농업 기술

다시 귀농·귀촌의 시대

각자도생에서 협력공생으로

흙살림의 길

세종대왕의 유기농업 흙살림이 이어갑니다

친환경농업, 위선의 가면을 벗자

우리나라 친환경농업 발전을 위한 방안으로 빼놓지 않고 제시되는 것이 바로 학교급식과 공공급식 분야이다. 전국에 있는 수많은 학교와 공공분야에 친환경농산물이 공급된다면 안정적인 수요를 보장할 수 있기 때문이다. 이런 이유로 현재도 친환경농산물 유통의 상당부분을 학교급식이 책임지고 있다. 특히 곡류와 엽채류 소비에 학교급식이 기여하는 바가 크다. 물론 국내 친환경농산물 유통의 다른 한 축을 차지하고 있는 생협 시장을 제외한 이야기다. 그런데 여기에서 짚고 넘어가야 할 지점이 있다. 친환경농산물이란 과연 어떤 농산물을 말하는 것인가.

흔히 우리가 알고 있는 유기농이니 무농약이니 하는 것들이 친환경농산물을 지칭하는 것은 맞다. 그러나 농약은 물론 화학비료와 제초제 등 어떠한 화학적인 합성 물질도 사용하지 않는 유기농산물과 양액재배가 가능하고 화학비료를 권장량의 1/3 이하로 사용할 수 있는 무농약 농산물은 엄연히 수준이 다르다. 현행법 상 유기농재배 기준을 충족시키더라도 유기농 인증을 받기 위해서는 무농약 인증을 받고 유기농전환기(논, 밭작물의 경우 2년, 과수는 3년)를 거쳐야만 한다. 농사를 처음 짓거나 관행방식으로 농사를 짓던 농민들이 서서히 친환경농업에 적응하여 완전한 친환경농업의 형태인 유기농업을 종착지로 삼을 수 있게끔 마련된 제도이다. 그것이 본래 친환경농업의 지향점이었다.

하지만 우리의 현실은 많이 다르다. 잠깐 시간을 거슬러 올라가 보자.

초창기 우리나라 친환경농업은 생협 등 의식 있는 소비자 그룹의 참여가 큰 비중을 차지했었다. 농민들이 뜻을 가지고 친환경농산물을 생산하면 기꺼이 비싼 가격에 구입해주는 소비자가 있었다는 이야기다. 그러다 정부 주도의 친환경농업육성정책이 만들어졌고 소통이 아닌 제도에 의한 친환경농업이 이때부터 시작되었다. 이 과정에서 친환경농업을 끌고 왔던 농민과 소비자의 '의식'이라는 부분은 시장경제의 논리로 대체되어버렸다. 그 증거가 바로 무농약 농산물의 수요증가이다. 무농약농산물은 화학비료를 일정량 사용할 수 있기 때문에 유기농산물보다 보기가 좋다. 우리나라 대부분의 소비자들은 겉모양을 보고 농산물을 구매한다. 시장은 소비자들이 원하는 물건만을 취급한다. 농민은 농산물을 팔기위해 무농약 재배 방식을 선택한다. 안전성과 도농상생의 가치를 추구하는 친환경학교급식에서조차 모양만 보고 농산물의 품위 기준을 정한다. 당연히 무농약 농산물이 취급 기준이 될 수 밖에 없다. 국내 친환경농산물 유통의 큰 부분을 차지하고 있는 학교급식에서 무농약 농산물이 중심이 되어있는데 농민이 굳이 유기농을 고집할 이유가 없을 것이다.

또 다른 방향에서 이야기해보자. 앞서 말했듯이 유기농산물과 무농약 농산물은 그 수준이 다르다. 수준이라 함은 재배방식이 환경에 기여하는 정도, 인위적인 물질 투입 여부, 안전성 등을 기준으로 한 것이다. 요즘 가장 이슈가 되고 있는 안전성 부분에서만 봐도 유기농산물의 입지가 좁아지는 것은 상당히 심각한 문제다. 안전성은 농약의 사용 여부로만 결정되는 것이 아니다. 질소비료로부터 식물이 흡수한 질산염은 우리의 체내에서 아질산염으로 바뀌는데 이때 함께 섭취한 육류나 생선이 분해되면서 나오는 아민과 결합하여 발암물질인 니트로사민이 된다. 건강을 위해 채소와 고기를 함께 먹지만 질산염이 많은 채소라면 안 먹느니만 못하게 되는 것이다. 뿐만 아니라 화학비료는 토양 내 염류를 집적시키고 수질을 오염시키는 원인이 되기도 한다.

'친환경농업, 위선의 가면을 벗자'라는 말은 생산자, 유통업자, 소비자, 정부 모두에게 해당되는 말이다. 친환경농업이라는 애매모호한 용어를 사용하는 한 시장은 절대 유기농으로 움직이지 않는다는 사실이 지난 20여 년 동안의 시간을 통해 증명되었다. 그 동안 법을 수십 번 바꾸고 수많은 땜질식 처방을 만들어 왔지만 친환경농업육성법을 만들 당시의 그 지향점과 오히려 점점 멀어지고 있다. 친환경농업 안에 무농약농산물을 슬쩍 끼워 넣고 만족해하는 우리의 모습이 바로 위선이다. 이제라도 이 위선의 가면을 벗고 유기농업이 이 땅에 제대로 자리 잡을 수 있도록 모두가 노력해야 할 때이다.

유기·무농약 재배가 감소하는 이유

지난 2001년부터 시작 된 국내 친환경 농산물 인증제도는 2016년 현재까지 급격한 증가와 감소를 거치는 큰 변화를 겪어 왔다. 그 결과 지금 우리나라의 전체 농가 106만 호 중 친환경 인증을 받는 농가 수는 유기 11,723, 무농약 48,325 호로 합하면 60,198 농가이다. 전체 농가 중 친환경 인증 농가 비율을 따지면 약 6% 내외인 셈이다.

1994년 유기, 무농약, 저농약으로 구분되는 친환경농업이 국가적 농업 정책의 하나로 채택되어 친환경 농업에 종사하는 중소농을 위한 정책이 시작된 지 어느 덧 22년이 흘렀다. 지난 22년 동안 친환경 농업은 수와 규모 등 양적인 면에서 급격한 성장을 이루어 왔고 특히 생협과 같은 소비자 단체, 친환경 농업을 하는 농업인 단체 등 민간의 적극적인 협력에 의해 성장을 지속해 올 수 있었다. 이처럼 민간과 정부의 협력으로 불과 몇 년 전까지만 해도 친환경 농업은 농업분야에서 유일한 성장 산업이었다. 그러나 친환경 농업이 점점 정부 지원 중심, 규제 중심으로 바뀌고 친환경 농업 단체 간의 내부 경쟁과 지역 간의 경쟁이 심화되면서 국내 친환경 농업 분야의 내부 결속력도 점차 약해지기 시작했다. 게다가 일부 사람들의 불법적인 행태들이 언론에 보도되고 알려지면서 친환경농업에 대한 소비자들의 신뢰도 흔들리게 되었다. 무엇보다도 2016년부터 친환경 농업 인증제도가 저농약을 제외한 유기재배와 무농약 재배로 재편되면서 친환경 농업 규모의 양적인 감소가 불가피해졌다.

그렇다면 국내 친환경 농업의 동력 상실 원인은 무엇일까. 친환경 인증제도와 유기농자재 목록공시제도 등 주요 정책과 제도가 정부 주도적으로 이루어지면서 정작 친환경농업을 하는 당사자들은 새로운 농업환경 변화에 능동적으로 대응하지 못하게 되었다. 그리고 이는 곧 친환경 유기농업의 관행 농업화로 이어졌다. 친환경 유기농업의 관행 농업화란 기존의 관행 농업처럼 과다한 자재 투입에 의존하는 농법의 성행. 그리고 관행 농업과 동일한 기준을 적용하는 GAP 인증의 도입 등을 들 수 있다. 정부의 유기농자재 지원 정책에 힘입은 유기농자재 시장의 급격한 증대는 농민들에게 유기농자재의 안전성과 신뢰성을 담보하지 못하고 오히려 혼란을 가중시킨다. 또한 정부가 정책적으로 밀고 있는 GAP 인증이 친환경 인증과 똑같은 표시로 소비자들에게 혼란을 초래하고 있고, 기존 저농약 인증 농가를 더 높은 수준의 무농약, 유기재배로 인도하는 대신 GAP인증으로 전환을 유도하고 있다. 이는 친환경 농업의 규모만을 키우기 위한 정부의 잘못된 정책 판단에서 비롯되었다고 볼 수 있다.

친환경 농업의 정체성과 신뢰성에 대한 위기는 어제 오늘 갑자기 시작된 것들이 아니다. 친환경농업이 정책적으로 장려되기 시작한 이래 계속적으로 제기되어 온 문제들이다. 이 위기를 벗어나기 위해서는 근본적으로 친환경 농업의 철학적 입장이 무엇인가에서 출발해야한다. 친환경 농업이 곧 물을 살리고 흙을 살리고 공기를 살리고 환경을 살린다는 생산자와 소비자의 철학과 정신을 기초로 하고 그 속에서 나의 건강이 유지되고 지속될 수 있다는 생각을 가질 때 우리나라의 유기, 무농약 재배는 성장할 것이고 친환경 농산물이 국민들의 먹을거리로 자리잡을 것이다. 또한 친환경 농업은 단순히 농민들만의 농사기술, 농법에 관한 것이 아닌 미래의 후손들에게 좋은 환경, 깨끗한 물과 건강한 흙과 맑은 공기를 물려주는 것이라는 확실한 믿음이 친환경 농업을 국민과 함께하는 진정한 농업으로 거듭나게 할 것이다.

잘못된 농업 정책과 농업·농촌·농민의 위기

우리나라는 이미 세계 최대 농산물 수출국 53개 국가와 FTA(자유무역협정)를 체결하였다. 자유무역협정이란 미국이나 중국에서 농사짓는 농민들과 한국에서 농사짓는 농민들을 똑같이 대우한다는 말이다. 그 전에는 관세라는 이름으로 장벽을 만들어 왔지만 그 장벽을 없앤다는 것이 FTA(자유무역협정)의 핵심 내용이다. 때문에 FTA(자유무역협정)를 통해서 혜택을 받는 업종과 손해를 보는 업종이 명확히 구분된다. 그렇다면 혜택을 받는 업종과 손해를 보는 업종간의 불균형을 해소하기 위하여 무엇인가를 내놓고 지원하는 정책이 필요하지 않을까. 그렇게 상생하기 위한 노력이 이루어질 때 이 사회가 하나의 공동체로서 함께 살아갈 수 있을 것이다.

지금까지 농업, 농촌, 농민은 우리사회, 우리나라 경제를 발전시키는데 항상 밑바탕에서 소리 없이 그 역할을 수행하여 왔다. 마치 어머니가 자식들을 키우는 것처럼 모든 어려움을 감내해오면서 말이다. 자식들을 키우면서 돌아오는 혜택을 바라기 보다는 우리 가정의 행복을 위해서 어머니가 모든 헌신을 다해 왔듯이 우리농업은 우리사회와 우리나라 경제 발전을 위해서 모든 고통을 감내하고 헌신해 왔다. 이러한 희생을 바탕으로 우리나라는 1인당 GDP가 3만 달러에 이르고 수출입 규모가 1조 달러에 이르는 눈부신 발전을 이루어 왔다. 그러나 그 뒤에 남아 있는 농업, 농촌은 병들고 쇠락해 왔다. 그 원인은 무엇일까.

여러 가지 이유가 있겠지만 가장 큰 원인은 정부의 잘못된 정책과 우리 사회의 농업을 바라보는 잘못된 시각에서 출발했다고 볼 수 있다. 지금까지도 계속 되고 있는 땜질식 농업 정책과 농업을 등한시 하는 사회적인 분위기가 바로 그것이다. 한국 농업, 한국 사회의 새로운 변화를 위해서는 근본적인 정책의 변화와 사회적인 인식 변화가 있어야 한다.

현재 우리나라 농업은 다시 한 번 큰 위기를 맞고 있다. 개방으로 인한 무한 경쟁과 고령화, 기후변화라는 엄청난 재앙에 직면해 있다. 1995년 UR(우루과이라운드 협정) 이후 시작된 개방 농정은 20년이 지난 지금에도 갈피를 못 잡아 온 것이 지금의 현실이다. 게다가 연이어 체결되는 FTA로 인해 우리 농업은 무한 경쟁의 물결에 무방비상태로 휩쓸려가고 있다. 고령화로 인한 유휴지 증가와 농촌의 노동력 부족 문제는 말할 것도 없다. 또한 지난 해 봄부터 시작된 이상기후, 여름가뭄, 겨울장마는 농업의 근간마저 흔들리게 하고 있다. 이러한 작금의 상황은 우리 농업을 어떻게 이끌어가고 농산물을 어떻게 생산해야 할 지 근본적인 질문을 남기고 있다.

현대의 농사방식. 비료와 농약중심의 재배 방식으로는 경쟁력을 가지고 이 위기를 극복할 수 없다. 근본적인 농사기술의 변화를 가져와야 한다. 농업 내부적으로 기후 변화 환경에 적응할 수 있는 건강한 흙을 만들고 품종을 바꾸는 새로운 농사 기술의 변화가 요구된다.

농업 외부적으로는 생산자와 소비자의 끊임없는 협력, 공생관계가 있어야 한다. 우리 농산물을 이용하는 도시소비자들의 농업에 대한 끊임없는 이해와 협력이 필요한 시기이다. 내가 먹는 농산물이 어디에서, 누가, 어떻게 생산한 것이고 이 농산물이 내가 먹는 물과 환경과 어떤 관계가 있는지, 내 아이에게 생기는 아토피가 우리 농산물, 흙, 물과 어떤 관계가 있는지 관심을 가져야만 한다.

우리 땅, 우리 농업에 관심 없는 소비자들이 많을수록 우리 농업, 우리 사회의 미래는 없다. 다시 한 번 개방과 고령화, 기후변화의 위기를 뛰어넘는 새로운 농업, 농정이 되어야 한다. 새해 병신년에는 우리 농업, 농촌에 웃음이 넘치고 그 기운이 우리 사회의 변화에 큰 밑거름이 되기를 기대한다.

유기농 3.0 괴산 선언

지난해 가을 충북 괴산에서 개최된 '2015 세계유기농산업엑스포'는 많은 사람들의 관심과 참여 속에서 성황리에 치러졌다. 행사를 마무리하는 폐막식에서는 충북도지사를 비롯하여 국내외 친환경농업 관련 인사들이 참여한 가운데 국제유기농업운동연맹(IFOAM)의 괴산세계유기농 3.0 선언문이 발표되었다. '유기농 3.0 괴산 선언' 은 과거의 유기농을 넘어서 더욱 새롭고 진보된 단계의 유기농의 시작을 말한다.
유기농 1.0은 1972년에 설립된 국제유기농업운동연맹(IFOAM) 이전의 활동으로 우리나라와 일본, 인도, 유럽 등 지역에서 이어져 내려온 토착 농업 방식을 말한다. 유기농의 역사는 곧 농업의 역사이다. 유기농업은 최근에 시작된 농업 형태가 아니라 화학농약과 화학비료를 사용하지 않고 자연의 순환 원리를 이용하던 본래의 농사 방식이기 때문이다. 우리나라 유기농의 역사는 1492년 세종대왕 때 편찬 된 우리나라 최초의 농서인 농사직설에서 살펴볼 수 있다. 농사직설에는 '똥'을 활용하여 흙을 가꾸는 기술들이 기록되어 있다.

유기농 2.0은 국제유기농업운동연맹(IFOAM)의 설립과 함께 시작되었다고 볼 수 있다. 이 후 전 세계의 유기농 조직에 의해 인증제도가 도입 되었고, 생산, 인증, 유통이라는 단계가 성립되었다. 이를 바탕으로 2015년까지 아시아, 아메리카, 아프리카, 유럽, 오세아니아 등 전 대륙에 걸친 82개 국가가 유기농업 규정을 도입하여 시행해 왔다.
인증제도 등의 규정 도입 하에서 유기농은 신뢰라는 새로운 방식으로 양적인 성장을 계속해 왔다. 유기농 2.0 시대에서의 유기농은 정부중심, 특히 인증 중심으로 새로운 변화를 거쳐 왔으며 유기농업의 원칙에 기반한 과학적인 방식을 도입하였다.
그러나 그 결과 법적으로 유기농 인증을 받지는 않았지만 진정한 유기농업을 실천 하고 있는 아시아, 아프리카의 소농들이 소외되어 온 것도 사실이다. 또한 전 세계적으로 유기농업이 발전되어 왔지만 규모로 보면 여전히 전 세계 농경지 면적의 1% 내외에 지나지 않는다. 관행농업에서 유기농업으로 전환하는 비율도 낮아 유기농업이 주류농업으로 정착하기에는 아직도 여러 가지 부족한 점이 많다.

유기농 3.0은 이러한 어려움을 극복하고 유기농업을 진정한 대안농업으로 편입시키고자 하는 농업 선언이다. 이를 위해서 유기농 3.0 은 건강, 생태, 공정, 배려라는 유기농의 4대 원칙을 중심에 두고 전 세계의 식량과 농업시스템이 생태학적으로 견실할 것, 경제적으로 실행 가능할 것, 사회적으로 정당할 것, 문화적으로 다양할 것, 명백한 책임에 기초해야 할 것임을 제시하고 있다.
농업이 경쟁체제에 몰입되어 가는 현 시대에 '공존'을 이야기하는 '유기농 3.0 괴산 선언'은 유기농업의 역사를 변화시키는 중요한 선언이며 미래 유기농의 국제적 기준이 될 것이다. 이러한 중요한 의미를 우리 스스로 잘 지키고 가꾸어 나가야 한다. 더 나아가 유기농 3.0선언이 단순한 선언에서 끝날 일이 아니라 우리나라의 농업을 근본적으로 바꾸는 계기가 되어야 한다.
유기농 3.0은 대한민국 충청북도 괴산이라는 작은 지역에서 시작되었지만 이 선언이 전 세계 농업을 바꾸는 작은 주춧돌이 되길 기대한다. 그렇게 된다면 충청북도 괴산은 전 세계 유기농업의 새로운 출발을 알린 중요한 지역이자 전 세계 유기농업의 중심지역으로 발돋움하게 될 것이다.

미래를 위한 친환경농업 기술

우리나라 농업은 현재 두 가지 중요한 선택의 기로에 서 있다. 하나는 정부가 추진하는 스마트 팜, 즉 실내 수직 농장과 공장형 축산으로 대변되는 공장형 농업이 다. 이미 축산 분야에서는 공장형 축산이 상당히 자리 잡았고, 이제는 원예, 특히 채소와 화훼 분야를 공장형 농업으로 편입시키기 위해 많은 노력을 기울이고 있다.

그러나 공장형 농업은 우리나라의 농업 특수성을 고려할 때, 특히 기후 위기의 대안으로 적합하지 않은 기술 체계이다. 우리나라는 산이 많고 지형이 평평하지 않으며, 아시아의 다른 나라들과 달리 건기와 우기가 뚜렷하지 않고 봄, 여름, 가을, 겨울의 사계절이 존재한다. 특히 여름에는 집중 호우가 잦아, 여름 장마를 어떻게 극복하느냐가 농사 기술의 핵심이다. 여름철 고온다습한 조건 때문에 병충해가 많아져 농약 사용이 늘어나는 특징도 있다.

이에 우리나라는 비가림 재배라는 독특한 농사 기술을 발전시켜 왔다. 이는 비를 맞지 않게 하여 병충해를 예방하는 방식이다. 대표적인 예로, 성주 참외를 비롯한 남부 지역의 비가림 기술이 있다. 또한, 우리나라는 오랜 세월 동안 생태순환적 기술, 즉 복합농업이라는 독특한 기술을 유지해 왔다. 이는 장마철 흙 유실을 방지 하기 위해 비닐을 활용하고, 소, 돼지, 닭 등의 적정량의 축산과 경종농업 및 원예 농업을 결합하여 환경 오염을 최소화하는 방식이다.

그러나 어느 순간부터 화학비료와 화학농약에 의존하게 되면서, 오천 년간 이어져 온 전통적 농업 기술이 사라지기 시작했다. 우리나라 농업의 미래는 전통적 농업 기술과 현대의 과학 기술이 결합한 친환경 유기농 기술의 정착에 달려 있다. 현재와 같이 에너지 투입 중심의 농업으로는 미래가 밝지 않다. 기후 위기의 시대에 대처하기 위해서는 에너지 소비를 최소화하는 기술을 개발하고, 농가와 함께 환경을 살리는 일에 집중 해야 한다.

그렇기에 우리나라 농업이 나아가야 할 방향은 전통과 현대의 융합을 통한 지속 가능한 친환경 농업 기술의 확립에 있다. 이를 통해 우리 농업의 미래를 밝게 만들 수 있을 것이다.

다시 귀농·귀촌의 시대

괴산으로 내려온 지 올해로 40여 년이 되었다. 그 당시는 주로 이농의 시대였다. 젊은 여성들은 힘든 농촌 생활 때문에 농촌에서의 결혼을 피했고, 젊은 농촌 총각들은 결혼하기가 힘든 것이 현실이었다. 그 현실 때문에 대부분의 농촌 젊은이들은 시골을 떠나 도시로, 도시로 나갔다. 이에 현장에 남아 있는 농민들은 각자도생보다는 마을에서 서로 협 동을 하고 협력을 하며 살아갔다.

40여 년 전 괴산에 내려와 처음 한 일은 해외원조를 받은 돈으로 농민들에게 소를 현물로 빌려주고, 그것을 다시 현물로 받아서 다른 농민에게 지원하는 활동이었다. 당시 소 1~2마리를 키우는 농민들이 지금은 100마리, 200마리를 키우는 전업농이 되었고, 어떤 농민들은 기업농이 되었다. 우리 사회와 농촌이 엄청나게 변화하는 역사를 현장에서 똑똑히 지켜봐 온 것이다. 내가 한국에서 외국 지원을 받아 활동하던 일을 이제는 미얀마에 나가 우리 돈으로 똑같은 활동을 한 적이 있었다.

하지만 우리 사회와 농촌의 이런 엄청난 변화에도 불구하고 과연 우리가 길을 제대로 잡고 왔는지는 다시 생각해 보아야겠다. 지난 40여 년간 큰 목표와 방향을 세우지 못하고 이리 흔들 저리 흔들 가다 보니 우리 농업, 농촌이 어려움에 처한 것은 아닌가 생각된다. 만약 제대로 된 방향을 잡고 그 길을 지속했다면 우리 농업, 농촌, 농민은 무엇인가 희망의 길을 걷고 있지 않을까 생각한다.

현재 우리 사회와 농업, 농촌, 농민은 큰 위기에 처해 있다. 지연·학연·혈연으로 뭉친 데다 협력보다는 반목이 앞서고 있다. 특히 농촌사회는 양극화가 더욱 심화되고 있다. 스마트팜이라고 하는 공장형 농업은 흙으로 하는 농업과 갈등을 일으키고 있다. 작년 겨울 토마토 값 폭락은 스마트팜으로 인한 생산과잉에서 시작 되었다. 농산물의 생산 과잉이 가격 폭락을 가져 온다는 것은 누구나 아는 엄연한 과학적 사실이다.

이외에 도시와 농촌의 갈등, 농촌 내부에서의 축산과 경종, 대농과 소농, 귀농·귀촌인과의 갈등 등 산적한 문제들이 무수히 많다. 이러한 위기를 극복하기 위해선 새로운 길을 찾고 방향을 제대로 잡아 협동하고 협력해야만 한다. 어려운 시기일수록 기본으로 돌아가 새롭게 힘을 모으는 길이 대안이다. 이 새로운 길과 희망은 누가 만들어 주는 것이 아니라 우리 스스로 만들어 가야 하는 것이 진리이다. 다시 흐트러진 마음을 모으고 힘을 모아야 할 때이다.

각자도생에서 협력공생으로

토끼해는 어떤 일들이 우리 앞에 나타날까 설렌다. 항상 새해에는 좋은 마음, 기쁜 마음으로 시작한다. 2022년에는 세계 유기농 산업 엑스포라는 큰 행사도 치렀고, 흙살림도 새로운 기반을 다지는 한 해였다. 코로나라는 어려운 시기였지만, 서울학교급식·청주학교급식 등 큰 사업을 이어 나갈 수 있게 만든 해이기도 했다.

그러나 2022년에는 어려운 일도 많았던 한 해였다. 쌀 값, 소 값, 배추 값, 토마토 값 폭락 등 농업 현장에서는 온통 아우성 소리만 들린다. 다른 물가는 엄청 올랐지만 농산물 값은 대부분 폭락했다. 경기가 좋지 않아 농산물 값이 영향을 많이 받았다고 한다. 특히, 유기농업 분야는 더욱 우울하다.

임산부 꾸러미 사업 등 유기농업과 관련된 정책 사업이 다 없어지고, 괴산군의 경우 유기농업 정책과가 농업 정책과로, 충청북도의 경우 유기농산과가 스마트 농업과로 변신했다.

2022년 유기농 산업 엑스포의 여운이 사라지지도 않았는데, 괴산군과 충청북도는 유기농업에 대한 희망을 거둔 것 같아 못내 아쉽고 서운하다. 유기농업과 관련된 정책과 사업이 후퇴하고, 인증농가도 많이 줄어들었다. 누구의 잘못인지 탓하기에 앞서 그것을 지키고 이겨내지 못한 사람으로 안타까운 감정이 앞선다. 사회 전체적으로도 금리가 올라가고, 고물가로 모두에게 우울하고 힘든 2023년이 될 걸로 전망된다.

이런 와중에, 2023년 흙살림은 변화의 기로에 서 있다. 새롭게 B2B 유통사업단이 출발하고 온라인 시장인 마켓투유는 새로운 변화와 혁신을 모색하고 있다. 또한, 흙살림과 함께 유기농업을 하는 농민들의 마음이 더욱 활짝 웃고 새로움을 모색하는 여건을 조성하는 한 해가 되어야 한다.

2023년 토끼해는 희망으로 가득한 새해를 만들어 보자. 각자도생에서 협력공생의 지혜를 발휘하는 한 해를 만들어 가자. 어려운 시기에는 결국 협동 협력만이 살 길이라는 것을 명심하고, 2023년을 새롭게 만들어 가는 한 해가 되어 보자.

흙살림의 길

우리는 지금까지 눈에 보이지 않는 자연 생태계의 생물과 미생물에 대해 별로 관심을 갖지 않았다. 오직 사람 중심의 세상에서 살면서 우리가 사는 지구, 우리와 함께 숨 쉬고 있는 생태계를 외면함으로써 바이러스가 창궐하는 시대를 만들게 되었다. 바이러스, 세균, 곰팡이, 해충을 막기 위해 각 종의 화학 살균, 살충제를 무차별적으로 사용해 온 결과로 지금의 코로나19라는 엄청난 괴물을 만나게 된 것이라 해도 과언이 아니다. 사람의 힘, 과학이라는 이름으로 모든 것을 이길 수 있고 막을 수 있다는 자만심이 눈에도 보이지 않는 작은 바이러스의 공격에 속수무책이 되어 버린 것이다.

인간이 만든 지금까지의 과학이 자연 생태계를 이길 수 없다는 것은 이미 여러가지 결과로 증명이 되고 있다. 유발 하라리가 책 〈호모 사피엔스〉에서 "인간의 종말은 불과 앞으로 300년"이라고 주장한 내용은 우리를 더욱더 놀라게 한다. 지금처럼 자연을 이기려는 욕망이 계속되는 한 유발 하라리의 주장보다 더 짧은 세상이 될 것이라는 주장도 있다.

흙살림은 지금까지 31년 동안 미생물의 생태계, 그 중 에서도 흙 속 미생물에 대해 연구해 왔다. 일반 화학물질보다 미생물을 이용한 자재들이 살균 살충 효과가 낮고 효능이 떨어지는 측면이 있지만, 미래의 세대에는 공생과 공존, 생태계의 균형이 무엇보다 중요한 가치가 될 것이다.

더욱더 관심이 높아지고 있는 농촌적인 생활과 삶이 새로운 트랜드가 될 것으로 예측되고 있다. 요소수 대란에서 보듯이 비교우위의 정책이 우리 사회에 어떤 영향을 가져오는지 모든 국민들이 느꼈을 것이다. 자연과 더불어 살아가는 친환경적 삶의 중요성이 그 어느 때보다 각별해지는 시기이다.

농업 농촌 농민이 무엇보다도 중요한 우리 시대의 가치가 되고, 유기농업과 흙의 중요성이 강조되는 호랑이의 해가 되길 기대한다. 흙살림과 우리나라 유기 농업에 새로운 대전환의 씨앗이 움트기를 진심으로 바란다.

세종대왕의 유기농업 흙살림이 이어갑니다

2023년 10월 20일부터 22일까지 청주시 청원구 내수읍 초정 문화공원 일대에서 초정약수 축제가 열렸다. 세종대왕의 초정행궁 이야기와 초정약수의 가치를 널리 알리는 축제이다. 세종대왕은 세종 26년(1444년) 두 차례에 걸쳐 121일간 초정에 머물려 질병을 고치고, 이곳에서 훈민정음 창제를 비롯해 편경 제작 등의 다양한 정책을 펼쳤다고 전해진다.

그런데 훈민정음의 창제 등 세종대왕의 위대한 업적 중 널리 알려지지 않은 것이 있다. 바로 농업과 관련된 부분이다. 세종대왕은 정초를 시켜 〈농사직설〉이라는 책을 만들게 했고, 장영실에게는 측우기 등 과학기술을 농업에 접목시키도록 했다. 〈농사직설〉은 농사를 잘 짓는 늙은 농부의 기술을 기록한 경험적이고 현장 중심의 기술서이다. 이 기술서를 토대로 적지적작, 흙을 살리는 퇴비만들기 등이 수백 년째 농민들에게 보급되었고, 농민들은 이를 꾸준히 실천해 왔다. 농사직설의 이 농법은 바로 유기농업이며 이는 현대에도 실천해야 하는 위대한 기술이고, 과학이다.

흙살림은 세종대왕의 유기농업 전통을 바탕으로 끊임없는 연구와 기술개발로 유기농업의 과학화에 앞장서고 있다. 세종대왕의 유기농업이 흙살림에 이어지고 있는 것이다.

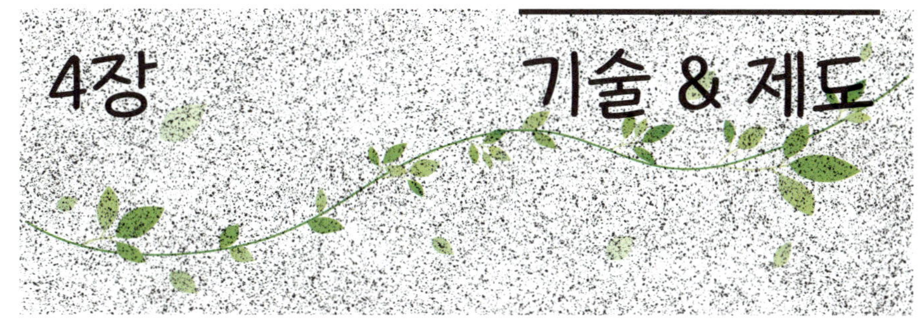

4장 기술 & 제도

환경농업을 위한 전제조건

왕우렁이를 이용한 제초기술은 현장농민이 만든 혁신기술이다

친환경농산물 의무자조금 도입에 대하여

흙과 환경을 살리는 길

유기농업이 사는 길

환경농업을 위한 전제조건

지난 40여 년간 우리나라 농업 정책은 농약과 비료의 과다 투입으로 인한 증산 위주의 농업 정책을 펼쳐 왔다. 그러나 우리의 식량 자급률은 30%를 밑돌고 있다. 더구나 엄청난 석유 자원의 투입은 생태계를 교란하고, 물과 흙을 죽이는 꼴이 되었다.

친환경농업이 우리나라 농업의 대안이 되고자 한다면, 전제 조건이 있다. 그 전제 조건은 우리나라의 농업 시스템을 바꾸어야 한다는 것이다. 농민을 빼앗아 먹는 대상이 아니라, 농민을 적극적으로 키워내고 도와주는 시스템을 만들어야 한다. 쿠바 농업에서 볼 수 있듯이 새로운 시스템을 짠다면 분명히 희망의 빛이 보일 것이다.

결국 친환경농업이 제대로 되려면 정부 정책과 생산, 인증, 유통 시스템이 서로 협력되어 있지 않으면 안 된다. 국내 친환경농업은 민간과 정부 간에, 민간과 민간 간에, 정책과 기술 간에 일치된 의견이 없이 진행되어 왔다. 각자 입장에 따라 차이를 인정하면서 진행되어 온 것이 사실이다.

정부는 친환경농업 정책 수립 초기부터 국내 농업이 안고 있는 일반적인 문제까지 친환경농업 정책 추진에 꿰맞추려는 오류에서 벗어나지 못하고 있다. 또한 친환경농업과 유기농업에 대한 방향과 목표가 서로 일치하지 않아, 정부 연구기관의 친환경농업 연구와 농자재에 대한 연구는 물론 법적 뒷받침도 미미한 수준으로 정부와 기업과 농민이 따로 노는 상황이다.

민간단체 또한 의욕은 앞서나, 재정 자립도가 낮아 운영에 많은 어려움을 겪고 있으며, 재정 자립을 위한 대책으로 친환경 농자재나 친환경농산물 유통으로 해결해 나가고 있다. 민간단체 또한 친환경농산물이나 농자재 유통이 과연 농민 중심인지, 단체 중심인지 깊이 반성해 볼 일이다.

이렇듯 친환경농업에 대한 목표와 방향의 왜곡과 연구와 생산기술, 농자재의 낙후성으로 인하여 수입 농자재와 이름만 친환경인 농자재가 판을 치고 있다. 또한 전통 농법에 대한 잘못된 이해와 토양 작물 관리에 대한 과학적인 검증이 거의 없이 농민이 직접 실험 대상으로 이용되고 있다.

그러나 이러한 한계 들에도 불구하고 민간과 정부와 농민들의 꾸준한 노력으로 친환경농업 정책과 생산, 인증, 유통 시스템이 이제는 초기 단계에 도달하고 있는 것으로 생각된다. 물론 생산, 인증, 유통 시스템에 대한 경험과 기술적인 혁신이 따르지 않는한 새로운 변화에 적응하기란 쉽지 않을 것 같다.

2000년 5월부터 국제식품규격위원회가 유기식품의 생산, 가공, 유통에 관한 가이드라인을 최종 확정하였다. 그러나 유기농업 기준이 완성된 것이 아니라 세계 다른 나라들 역시 시행 초기 단계로서 자국에 맞는 기준을 확립해 나가고 있는 진행 중인 상태라고 볼 수 있다.

우리나라에 맞는 유기농업 기준은 에너지 소비를 최소화하고 우리나라의 기후 환경과 지역의 전통을 잘 접목하여 발전적인 방향을 수립하는 것이다. 결국은 소비자가 동의하는 안전한 농산물을 생산하는 시스템을 만들지 않으면 안된다고 본다. 농민과 소비자가 동의하는 지향점은 결국 유기농업이 되어야 하는 것이다.

친환경농업의 성공 열쇠는 첫째 안전한 농산물 생산 기술을 확보하고, 둘째 기술을 적용할 수 있는 사람을 확보하여 교육, 훈련을 하고, 셋째 사람과 자연 자원을 최대한 활용하고, 넷째 꼭 필요한 유기 농자재를 개발하는 것이다. 이러한 목표를 세워 놓고 정부와 민간단체와 농민간의 정책과 기술의 조화가 이루어져야 할 것이다. 나아가 유기농업을 특수한 몇몇 농민의 과제가 아닌 전 국민의 생활 과제로 만들어야 할 것이다. 국내 친환경농업은 생산, 인증, 유통 등에 있어 역량이 매우 미흡한 실정이며, 이러한 여건의 불충분으로 인하여 친환경농업의 확대가 어려운 것도 현실이다.

이를 극복하기 위해서는 친환경농업의 역량 구축을 위한 지원과 연구가 꾸준히 진행되어야 한다. 하나의 농법이 만들어지기 위해서는 현장연구가 더욱더 활성화되어야 한다. 쿠바 농업에서는 현장에서 검증되지 않은 연구는 연구로 인정하지 않는다는 사실을 우리도 명심할 필요가 있다.

이러한 현장 중심의 연구는 연구 기관이 중심에 서는 것이 아니라, 의욕 있고 현장기술을 절실히 필요로 하는 민간단체와 농민들이 앞장서고 정부나 연구 기관이 지원하는 시스템이 바람직하리라 본다. 이제 우리의 친환경농업도 새로운 시스템과 새로운 현장 전문가들, 의욕 있는 농민들이 필요한 시기이다.

왕우렁이를 이용한 제초기술은 현장농민이 만든 혁신기술이다

얼마 전 일부 언론에서 '왕우렁이의 역습'이라는 헤드라인으로 친환경 농업의 상징과도 같았던 왕우렁이가 마치 생태계를 파괴하는 원흉이 된 것처럼 보도하였다. 언론에서 보도한 내용으로는 전남 해남지역의 논에서 모내기한지 얼마 안 된 어린모를 겨우내 월동하여 살아남은 우렁이들이 갉아먹어 논농사를 망치게 되었다고 한다. 왕우렁이는 정말 농사를 망치는 해로운 생물종이 되어버린 것일까.

왕우렁이를 이용한 제초기술이 우리나라에 도입된 지 거의 20년이 되었다. 왕우렁이의 토착화를 우려하는 언론과 일부 과학자들의 수많은 반대에도 불구하고 지금까지 20년 동안 왕우렁이를 이용한 제초기술이 지속될 수 있었던 이유는 여러 가지가 있다.

첫째 왕우렁이는 다른 어떤 방법보다도 논의 잡초 제거에 효과적이다. 10a(300평)의 논에 약 5kg 정도의 왕우렁이를 논에 뿌려 물 관리를 잘 하면 제초제보다도 효과가 좋다. 현재 친환경농업이 아닌 관행으로 논농사를 짓는 농민들도 제초제 대신 왕우렁이를 이용하여 제초를 하는 경우가 종종 있다. 친환경농업에서 왕우렁이와 더불어 활용되던 오리나 쌀겨를 이용한 제초, 기계를 활용한 제초기술이 퇴보하고 왕우렁이가 자리 잡은 이유이기도 하다.

둘째 왕우렁이는 외국에서 도입한 외래종이지만 물속에서만 움직이는 특성을 가지고 있다. 황소개구리와 같은 다른 유해생물종처럼 이동성이 커서 물과 땅을 오가며 서식 반경을 넓히는 생물이 아니라는 점이다. 왕우렁이는 습성 상 연못과 늪지, 관개 논, 수로 등 침수지역에서 서식하면서 수중 또는 수면의 풀들을 섭취한다. 따라서 물이 갇혀 있는 논에서만 서식하는 왕우렁이가 다른 생태계로 퍼져나갈 가능성은 낮다.

셋째 왕우렁이는 겨울이 추운 우리나라의 환경에서는 월동하지 못한다. 지금까지 괴산지역에서 실험해 본 결과 왕우렁이는 영하로 온도가 떨어지면 대부분 죽는다. 일부 주장과는 다르게 부화된 알도 기온이 영하로 내려가면 거의가 살아남지 못한다.

넷째 왕우렁이는 제초뿐 아니라 식재료로써 다양하게 활용되고 있다. 우렁 쌈밥을 전문으로 하는 음식점을 쉽게 볼 수 있는 것처럼 식용을 위해 우렁이를 사육할 정도로 우렁이는 우리 국민들의 식생활에서 각광받는 식재료가 되었으며 오리 등 잡식성 가축의 사료로써 쓰이기도 한다.

다섯째 왕우렁이를 활용한 제초기술이 화학 제초제를 사용한 제초기술보다 환경 친화적이라는 점이다. 화학농약이나 제초제를 사용하여 논의 수질이 오염되고 생태계가 파괴되는 것보다 왕우렁이의 월동가능성이 더 환경에 유해하다고 평가할 수 있는가. 실제로 어떤 쪽이 환경에 더 악영향을 끼치는 것인지 정식 연구가 이뤄졌던 적도 없다.

이렇듯 왕우렁이의 다양한 장점에도 불구하고 왕우렁이는 환경부지정 외래에서 도입 된 유해생물종으로 지정되어 있다. 물론 동남아처럼 겨울이 없는 지역에서는 직파로 농사를 짓는 경우 유해생물이 될 수 있지만 우리나라처럼 추운 겨울이 있는 지역에서는 잘만 활용하면 유기농사에 큰 도움이 되는 생물 중의 하나이다. 무조건 월동가능성만을 염두에 두고 이 땅에서 몰아내야할 해로운 생물로 여기는 것보다는 만일에 발생할 수 있는 문제를 어떻게 방지할 수 있을지 적절한 관리방법을 연구하고 보급하는 일이 더 시급하다. 앞으로도 왕우렁이가 우리나라 논농사 제초 기술의 희망이 되기를 기대해 본다.

친환경농산물 의무자조금 도입에 대하여

국내 친환경농업의 육성은 1997년 우리나라에 친환경농업육성법이 처음으로 도입 된 후 정부의 정책 주도하에 본격적으로 시작되었다. 현재 친환경농업육성법에 의해 정의되어 있는 친환경농업은 화학농약, 화학비료, 제초제, 호르몬제를 3년 이상 사용하지 않는 유기재배와 화학농약, 제초제 등을 사용하지 않고 화학비료를 관행농업의 1/3이하만 사용해야 하는 무농약재배로 나누어진다. 2001년 친환경농산물 인증제도가 국내에 처음으로 도입되면서 지금은 사라진 저농약재배까지 포함, 총 2,087호의 농가가 친환경농산물 인증을 받았고 2015년 말 인증농가는 63,617호로 약 30배 정도 증가하였다. 그 사이 정부의 지원과 농가의 큰 관심 속에 친환경농산물 인증농가가 20만 호까지 증가하였던 시기도 있었지만 여러 가지 우여곡절을 겪으며 지금에 이르게 되었다. 그리고 친환경농업육성법이 도입된 지 거의 20여 년 만인 올 해 7월 농민주도의 친환경농산물 의무자조금이 도입되었다.

사실 지난 2006년 농협 주도의 친환경농산물 임의자조금이 도입 되어 운영되고 있었지만 자조금운영의 주체인 농민들에게조차 인지도나 체감효과가 없어 사실상 유명무실한 상태였다. 그로부터 거의 10년 만에 농민이 주도적으로 참여하는 의무자조금이 도입되어 친환경농업에 새로운 돌파구가 마련된 것이다. 친환경농업 의무자조금이란 친환경농업을 하는 농민들이 거출하는 돈과 정부지원금을 활용해 친환경농업의 생산주체가 스스로 소비촉진, 판로확대, 수급안정, 교육, 연구개발 등을 수행하여 친환경농산물 생산, 유통, 가공 산업 전반을 육성하는 제도이다. 친환경농산물 의무자조금 참여대상은 재배면적 1,000㎡ 이상의 유기, 무농약 인증 농가(농업법인 포함)로 인증신청 단계에서 인증 종류와 인증 면적에 따라 부과 된 자조금을 인증기관에 년 1회 납부하면 된다.

친환경농산물 의무자조금의 도입 목적에는 여러 가지가 있지만 특히 FTA에 의한 농산물 시장 개방과 친환경농산물에 대한 신뢰 저하로 인해 소비량 감소가 이어져 국내산 친환경농산물의 공급과잉이 초래될지도 모른다는 우려 속에서 국내 친환경농산물의 소비를 촉진시키기 위함이 가장 크다. 가장 많이 알려진 낙농, 축산자조금의 사례를 보면 직접적인 광고를 통한 홍보 및 인식 개선 효과가 우유와 한우, 양돈의 실제 소비량 증가로 이어졌다.

2016년 현재 친환경농업 인증 농가는 총 63,617 농가로 유기재배 11,611호, 무농약재배 48,407호의 농가가 친환경농산물을 생산하고 있다. 이들 농가가 십시일반 힘을 모은 친환경농산물 의무자조금으로 우리 국민들이 친환경농업과 농산물에 대한 가치를 올바르게 인식하고 무너진 신뢰를 회복하여 소비가 촉진된다면 국내 친환경농산업이 한 단계 발전하는 계기가 될 수 있을 것이다.

흙과 환경을 살리는 길

1. 흙살림은 창립 이래 순환과 공생, 협동을 통해 죽어 가고 있는 우리 농업의 대안을 만들기 위해 노력해 왔다. 유기농업의 가장 큰 문제인 잡초를 해결하기 위해 논의 경우 왕우렁이 제초 시스템을 농업현장과 협력하여 새로운 체계를 만들어 왔다. 특히 충북 음성의 최재명 선생과 협력하여 농업에 적용하기 위한 대안을 만들어 현장에 적용시켰다. 밭의 경우 종이 멀칭 등의 대안을 만들기 위해 노력해 왔다.

흙의 경우 화학비료중심의 농업에서 흙의 새로운 먹이 순환 시스템을 마련하여 음식물 찌꺼기를 연결고리로 흙살림 순환 농법을 개발하였다.
음식물 찌꺼기-지렁이-퇴비화-유기농사라는 시스템을 개발하였다.
종자와 흙의 결합으로 대안 농업을 만들어 왔다. 흙과 예술을 결합시키고 노동이 아니라 예술 노동이 되기 위해 〈흙과 도시〉를 창립, 도시농업의 기틀을 마련하였다.

한반도 전체의 유기농업화를 위한 새로운 대안 연구, 나아가 동아시아 농업의 체계를 만들고 생산과 인증, 유통, 정책, 철학에 결합하는 시스템 마련을 위해 연구해 왔다.

2. 10,000년 전 신석기 농업혁명을 통해 농업이 시작되고 지구 환경에 돌이킬 수 없는 파괴가 시작되었다. 이를 두고 유발하라리는 그의 저서 '사피엔스와 호모데우스'에서 농업은 인류 역사 상 최대의 사기라고 했

다.

20만 년 전 탄생한 현생 인류는 19만 년 간 수렵, 채취 생활을 해오다 10,000년 전부터 비로소 경작을 통해 자연을 지배하고 정복하는 시대로 진입하였다. 농업을 뜻하는 단어 agriculture 는 soil의 고어인 agri와 경작을 뜻하는 단어인 culture가 결합된 것으로 농업은 곧 흙을 경작하는 것임을 뜻한다.

2014년 영화 인터스텔라에는 흙 폭풍으로 더 이상 농사를 지을 수 없는 땅(미세먼지와 사막으로 뒤덮인-)이 나온다. 농업은 본질적으로 반자연적, 반생태적인 동시에 다원적 기능을 가진다. 농업이 지속가능성을 잃고 환경 파괴만을 초래할 때 흔히 말하는 농업의 공익적 가치는 위선이고 사기 행위가 된다. 농업은 곧 악화가 양화를 구축하는 그레셤의 법칙이 적용되는 산업이다.

3. 그럼에도 불구하고 본래 농업은 곧 유기농업의 역사였다. 중세 농업에서는 휴경의 개념을 도입하여 토지의 지력을 회복시켰고 동양에서는 일찍이 경축순환농법을 시행하였다. 그러나 최근 100여 년 동안은 화학농업이 적용, 발전 되는 시기였다. 더 쉽게, 더 많은 생산물을 얻기 위한 농업이 본격적으로 시작되었다. 특히 서구농업은 테어(Thaer)가 유기영양설을 발표한지 31년 후 리비히가 무기영양설을 발표하면서 무기질, 광물질 비료개발이 박차를 가하게 되었다. 1909년 폴란드 화학자 프리츠 하버가 암모니아 합성법으로 공기 중의 질소를 고정하는 방법을 발견하였고 카를 보슈는 하버의 방법을 이용하여 하버-보슈 암모니아 합성법을 개발하면서 인공적으로 질소비료를 생산하기 시작했다.

농약개발은 1873년 스트라스부르대학의 박사과정 학생이었던 오트마

르 차이들러가 처음으로 염소화합물 DDT를 합성, 1939년 파울 헤르만 뮐러가 DDT를 농작물 해충을 퇴치하는 살충제로 개발하였다. 이로서 서구농업은 지속적인 생산성 증대를 가져온 동시에 본격적으로 비료와 농약에 의존하게 되었고 이는 곧 지구 생태계에 중대한 위협으로 작용하기 시작했다.

4. 1962년에 이르러서야 미국의 생물학자 레이첼 카슨이 저서 '침묵의 봄'에서 DDT에 의한 생태 환경 파괴를 고발하면서 화학농업에 경종을 울리게 된다. 이는 20세기를 환경의 세기로 바꾸는데 결정적 기여를 했다. 그러나 화학농업의 위험성에 대한 자각과 성찰도 자유주의 흐름에 따른 국제 교역의 증가와 시장의 확대 속도를 따라가진 못했다. 농산물 수출입이 자유화되면서 규모를 중요시 하는 산업농업이 활성화 되었다. 농약과 비료, 농기계가 대형화 되면서 과잉생산과 과잉투입이 본격화되었다. 쉬운 예로 우리나라에서는 나지 않는 바나나를 지금은 쉽게 사먹을 수 있게 된 것도 산업농업의 활성화에 따른 결과이다. 적도를 넘나드는 먼 나라에 바나나를 수출하기 위해 생산지에서는 플랜테이션 방식으로 단일 품종의 바나나를 엄청난 농약을 뿌려가며 키운다. 뿐만 아니라 수확 된 바나나를 세척하여 운송하는 과정에서도 바나나가 익는 속도를 늦추고 병과 벌레를 막기 위해 대량의 농약과 생장조절제가 살포 된다. 뿐만 아니라 더 쉽고 더 많은 생산을 위해 GMO작물을 개발하고, 철저한 환경제어를 통해 작물을 키우는 수직농업을 활성화 시켰다. 심지어 미국 농무부는 토양에서 자라지 않는 농산물도 꾸준히 환경 친화적으로 관리된다면 유기농 인증을 받을 수 있다며 2017년 12월 수직농장의 수경재배작물에 유기농인증을 허용하였다. 이는 토경재배만을 유기농으로 인정한다는 국제식품규격(CODEX)의 유기농규정을 위반한 것이다. 이에 반해 푸틴 러시아대통령은 러시아를 '생태유기농업국가화'한다는 방침을 천명하였고 동시에 반 GMO를 선언하였다.

5. 농산물 오염과 안전성이라는 것은 국내의 농업과 농산물만 말하는 것이 아니다. 우리나라 식량자급률은 24%로 나머지 76%가 수입에 의존하고 있다. 우리가 먹는 쌀, 밀, 옥수수, 콩은 과연 어디에서 왔는가. 우리는 심각한 위기 상황에 처해있지만 아무도 인식을 못하고 있다.

우리 정부는 엄연히 성격이 다른 유기재배, 무농약재배와 GAP, 저탄소 농산물에 같은 표시를 사용하여 소비자 혼선을 초래하고 있다. 화학비료는 배합비율을 표시하지 않아도 되지만 유기농업에 사용 되는 퇴비는 배합비율 표시를 의무화하여 역차별을 초래하고 있다.

우리나라 농약품목 등록 현황을 보면 2017년 12월 31일 기준 살균제 1,049종, 살충제 907종, 제초제 779종, 생장조절제 114종, 균충제 97종, 충초제 1종, 기타제 25종으로 농약으로 등록 된 제품의 숫자는 2,972개에 달한다. 이는 제조 품목과 수입품목을 합친 숫자이다. 시판되는 농약의 숫자는 이렇게 많지만 현재 친환경농산물 농약의 잔류농약분석은 320가지 성분 정도를 분석하여 소비자들에게 알리고 있다.

얼마 전 보도에 따르면 과수원 밑에서 자라는 미나리와 쑥, 냉이 등을 채취하여 농약을 분석한 결과 모두 농약범벅이라는 충격적인 결과가 나왔다고 한다. 심지어 과수원 주인들도 이를 알고 캐먹지 않을 정도다. 몇 년 전 할미꽃 뿌리를 친환경 농자재로 사용하려고 준비한 농민이 호기심에 이를 먹었다가 사망한 일이 있었다. 또한 친환경 농업 제초에 사용하는 대부분의 왕우렁이와 오리는 GMO사료를 먹여서 키우고 있고 GMO유채에서 뽑아 낸 카놀라유와, 수산화나트륨(NaOH), 나노물질 등이 현재 친환경농업의 자재로 사용되고 있는 것이 현실이다. 이렇게 관행농업과 친환경농업을 막론하고 우리는 각종 농약과 비료 등의 화학물질과 GMO에 노출되어 있다. 보다 정밀하고 엄격한 대책이 필요하다.

6. 유기농업현황

우리나라 정부가 유기농업이라는 말을 사용한지 어느 덧 오랜 세월이 지났다. 정부 조직에 환경농업과를 만들면서 환경농업육성법이 제정되고 그 안에서 유기재배라는 용어를 사용하기 시작하였다. 농촌진흥청에서도 유기농업과가 만들어졌고 유기농업에 대한 정책과 연구, 인증제 도입이 시작되었다. 그로부터 20년이 지난 현재의 유기농업 상황을 보면 유기농업을 하는 농가 수는 전국 11,633호(충북 819농가, 괴산 179농가), 재배면적 18,306ha(충북 863ha, 괴산 185ha)이다. 재배면적으로 보면 우리나라 전체 면적의 1% 내외이다.

유기농업자재의 경우 한 발 앞서 유기농업자재의 공시 및 품질인증제도를 도입하고 있다. 공시제품 1,237개, 업체 수는 510개, 산업규모는 3천억 정도이다. 농산물의 경우 안전성 중심의 인증 제도를 도입하고 있지만 농자재의 경우 효과를 검증하는 인증제도까지 도입하고 있다.

외국의 유기농면적을 보면 호주 1,200만ha, 아르헨티나 420만ha, 미국 190만ha, 중국 200만ha, 브라질 620만ha, 핀란드 780만ha로 우리나라 전체 농경지 면적보다 큰 엄청난 면적에서 유기농업을 시행하고 있다.

유기농업은 생산과 인증, 유통, 정책, 철학이 함께 어우러지는 농업이다. 이러한 유기농업과 관련 된 지방정부의 행사도 수차례 치러져왔다. 특히 경북 울진의 친환경유기농엑스포, 경기 남양주의 세계유기농대회, 괴산에서 열리는 괴산세계유기농산업엑스포는 유기농업에 대하여 농민과 시민들에게 좋은 볼거리를 제공해 왔고 또한 제공할 예정이지만 실제 현장 농민들의 유기농업에 대한 참여는 아주 저조한 실정이다. 농민들이 유기농업에 대한 관심과 참여가 부족한데는 여러 가지 이유가 있겠지만 가장 큰 이유는 유기농업이 농민들에게 큰 소득을 가져다주지 못한다는 점이다. 유기농업이 성공적으로 정착하기 위해서는 현장농민들과 소비자들이 유기농업에 대한 정신, 철학을 이해해야 한다. 이러한 철학을 바탕으로 생산과 인증, 유통이 어우러진다면 유기농업은 큰 성공을 이룰 것이다.

7. 흙을 살리는 일

해마다 전국적으로 문제가 되었던 극심한 가뭄과 고온 현상은 제 때 수확이 이루어져야 할 농산물 생산량을 감소시키고 있다. 이상 고온과 가뭄으로 저수지는 말라가고 있고 심겨진 작물마저도 말라 타들어 가고 있다. 우리나라 뿐만 아니라 다른 여러 나라에서도 강수량은 줄고 고온으로 물부족 현상이 심각하게 나타나고 있다. 농업을 포함한 모든 분야가 지구온난화 문제에 가해자인 동시에 피해자다. 기후 변화는 이제 인정하지 않을 수 없는 불편한 진실이 되고 있는 것이다. 지금까지의 관행농업과 축산은 메탄가스, 일산화탄소, 이산화탄소를 방출하는 주요 원인으로 지적되고 있다. 90년대 이후 지구전체 온실 가스 방출량 중 약 15%는 농업에서 발생되었다는 보고가 있다. 전체 이산화탄소 발생량의 상당한 부분이 집약 농업을 위한 농지개간, 이로 인한 산림 감소에서 비롯되었다.

그러나 동시에 농업은 온실가스를 크게 감소시킬 수 있는 방안도 제공한다. 다른 분야에서 발생하는 이산화탄소를 광합성이라는 과정을 거쳐 산소로 변환시키는 일을 농작물은 끊임없이 해내고 있는 것이다. 특히 유기농업은 화학원료사용을 최소화하고 온실가스 발생량을 최대한 줄여주며 산소발생량을 최대한으로 증가시킨다. 이러한 점 때문에 세계적으로 유기농업은 교토의정서를 수행할 수 있는 대안이라는 믿음이 확산되고 있다.

또한 유기농업은 흙의 유기물 관리를 통해 양분과 에너지를 순환시켜 온실가스 발생을 감축시킨다. 토양에 유기물을 투입함으로써 흙의 힘을 유지하고 흙 속의 유기물 함량을 풍부하게 하여 지속적인 생산력을 증대시킨다. 이러한 원리로 유기농업은 지속적인 생산력의 증대와 영구적인 생산시스템을 제공한다. 유기농업은 화학비료와 화학농약, 제초제와 성장호르몬제를 사용하지 않고 퇴비나 윤작을 통해 흙의 힘을 유지한다. 결과적으로 유기농업은 곧 에너지의 균형과 순환이라고 할 수 있다.

8. 환경을 살리는 일
유기농업은 환경보전의 기능을 완성할 수 있는 농업이다. 유기농업으로 유기물을 순환시킬 수 있고 이를 통해 물과 흙과 공기를 살릴 수 있다. 관행농업에서 사용하는 살균제, 살충제, 제초제, 호르몬제는 흔히 적정 사용기준에 맞게 사용하면 안전하다고 이야기한다. 그러나 대부분의 농산물에는 상당한 양의 농약들이 잔류한다. 현재 농산물에 잔류하는 농약의 상당부분은 동물의 신경계에 치명적인 문제를 일으킨다는 보고들이 있다. 꿀벌에 치명적인 농약의 사례가 그러하다.

유기농업은 합성살충제의 부작용을 사전에 방지할 수 있는 시스템이다. 국제유기농단체(IFOAM)는 유기농업을 흙과 생태계, 사람의 건강을 지속가능하게 하는 생산시스템이라고 정의했다. 유기농업은 생물다양성, 지역조건, 생태적 과정을 거쳐 순환에 기초하는 농업 생산 과정이다. 유기농업은 전통적인 기술과 현재의 과학기술을 결합하여 환경을 살리는 일에 중요한 역할을 한다.

지금부터라도 우리나라에서 유기농업을 하는 농민들의 마음이 변화되어야 한다. 황무지를 개간하는 마음으로 유기농업에 종사하는 일이 우리나라의 물과 흙과 공기를 살리고 지키는 일이라는 사명감과 자부심을 가져야 한다.

9. 건강을 지키는 일

최근 미국대통령직속 암위원회의 보고서를 보면 농업에 사용하는 화학물질과 독성물질이 암의 원인이 되고 있다는 내용이 발표되었다. 특히 살충제에 노출되면 암, 갑상선장애, 면역체계 약화, 지능저하와 주의력 결핍, 분노 조절 장애, 우울증, 생식기능 저하, 심혈관계 질환 등 신진대사 시스템에 치명적인 문제를 가져올 수 있다고 언급하고 있다.

듀크대학 의료센터 연구자들의 발표에 의하면 태아와 신생아는 허용수치 이하 소량의 살충제에도 상당히 취약하다고 한다. 이들의 연구에 따르면 태아와 신생아는 성인보다 예방 혈청 단백질 농축액이 적기 때문에 신경계에 치명적인 문제가 올 수도 있다는 것이다. 이로 인해 뇌 기능 및 청각, 신경, 시신경, 자율신경계 같은 부분의 발달이 저해되어 지능이 낮아지거나 주의력 결핍, 과잉행동 장애, 자폐증, 분노 조절 장애, 우울증 등의 문제가 발생할 수 있는 가능성이 높아진다. 또한 현재 허용되는 잔류농약 기준 이하의 수준이라 하더라도 태아와 신생아에게는 문제가 될 수 있다고 언급하고 있으며 신경계가 계속 발달하고 있는 아이들이 살충제가 남아 있는 음식물을 섭취하게 될 경우 상당히 위험할 수 있다고 경고하고 있다.

미래 세대를 책임 질 아이들의 건강을 위해서라도 유기농업에 관심을 가지고 확산시켜야 한다.

10. 생명을 살리는 길

유기농업에서 가장 중요한 것은 무엇일까. 그것은 바로 흙을 가꾸는 일이다. 사람을 비롯한 모든 만물은 흙에서 나서 흙으로 돌아간다. 때문에 돌아가야 할 고향 같은 흙에 대해 누구나 소중한 마음을 가져야 한다. 이동거리가 늘어나고 각종 교통수단이 발달하면서 신발에 흙 묻힐 기회조차 없는 온통 아스팔트인 세상이다. 도시의 땅에서도 흙 한 줌 보인다 싶으면 어김없이 얼마 지나지 않아 시멘트와 아스팔트로 뒤덮이고 만다. 이렇듯 요즘에는 흙을 만나기가 어렵다. 고무신 신고 냇가에서 물장구치고 물고기 잡던 추억을 지금의 아이들이 경험하기는 어렵다. 벼는 농부의 발자국 소리를 듣고 자란다고 한다. 도시 사람들은 농부의 땀과 삶이 담겨 있는 농산물들을 상품으로만 취급하고 있다. 우리가 매일 먹고 있는 먹을거리는 과연 어디에서 오는지 별로 관심이 없다. 외국에서 오는 수입농산물이 우리의 환경과는 어떤 관계가 있는지 관심을 가지지 않는다.

흙 속에 살아 숨 쉬는 수많은 미생물과 소동물의 조화 속에 먹을거리가 생겨나고 있다. 농부들도 그들의 도움을 받아 흙을 관리하고 있다. 흙을 지키고 흙과 함께 하는 삶을 추구하며 농촌을 지키고 먹을거리를 지키는 일은 매우 소중한 동시에 시급한 일이다. 농부들은 늙고 병들어 힘이 들고 농촌도 흙도 시름시름 앓고 있다. 사람의 몸은 물론 흙에도 생명의 기운이 흐르고 있다. 우리 선조들은 자연의 기가 모인 흙과 산과 강을 존중하며 살아 왔다. 흙의 소리를 듣고 자연의 기를 느끼며 살았기에 비록 물질적으로 풍요롭지 못할지라도 선조들의 정신문화는 고귀한 것이었다.
생명 그 자체를 인정하고 존중하는 마음. 이는 곧 예부터 이어져 내려오는 조상들의 지혜인 동시에 유기농업의 근본이념이다.

11. 유기농업을 위한 전제 조건

지난 반세기 동안 우리나라는 농약과 화학비료를 중심으로 증산위주의 정책을 펼쳐왔으나 식량 자급율은 26%를 밑돌고 있다. 엄청난 석유 중심의 농사는 생산비를 증가시켜 왔고 생태계를 교란시키고 물과 흙과 공기를 오염시켜왔다.

유기농업이 우리나라 농업의 중심에 서고자 한다면 몇 가지 전제 조건이 있다. 그 조건이란 우리나라 농업의 생산과 연구, 각종 지원 정책을 유기농업 중심으로 변화시켜야 한다는 것이다. 유기농업은 정부와 지방정부의 농업 정책과 생산, 인증, 유통시스템과 농민들의 철학, 정신이 결합되어야 한다.

유기농업에 참여하는 모든 사람들이 흙과 물과 공기를 살린다는 정신을 가장 앞에 두고 생각해야 한다. 우리나라 유기농업은 민간과 정부, 민간과 민간 간에 정책과 기술을 놓고 서로 입장 차이가 있었다. 정부가 바라보는 목표와 민간의 목표를 서로 일치시키는 일이 무엇보다 중요하다.

유기농업은 에너지 소비를 최소화하고 우리나라 기후 환경과 지역의 전통을 접목하여 발전 방향을 수립해야 하며 결국은 소비자가 동의하고 신뢰하는 안전한 농산물을 생산하는 시스템을 만들어야 한다.

유기농업의 성공열쇠는 첫째, 안전한 농산물 생산기술을 확보하고 둘째, 기술을 적용할 수 있는 사람을 확보하며 셋째, 사람과 자연을 최대한 활용할 수 있도록 교육과 훈련을 철저히 해야 하며 넷째, 꼭 필요한 유기농자재를 개발하는 것이다. 이러한 분명한 목표를 세우고 정부와 민간 간에 농민과 농민 간에 정책과 기술의 조화가 이루어져야 한다. 나아가 유기농업을 특수한 농민 몇몇의 과제가 아닌 국민들이 함께 참여할 수 있는 과제로 만들어야 한다.

국내 유기농업은 생산, 인증, 유통에 있어 역량이 매우 부족한 실정이다. 이러한 열악한 여건으로 인해 유기농업의 확대가 어려운 것이 현실이다. 이를 극복하기 위해서는 유기농업의 역량 구축을 위한 지원과 연구가 꾸준히 진행되어야 한다. 하나의 농법과 농사기술이 만들어지기 위해서는 현장농민들의 참여가 절실하다. 현장 농민들의 공감이 없는 유기농업기술은 한낱 구호일 뿐이다. 이는 현장에서 검증되지 않은 유기농업 연구결과는 연구로서 인정하지 않는 쿠바의 사례에서도 볼 수 있다. 우리나라 최초의 농서인 정초의 ≪농사직설≫도 현장 농민들의 경험 기술을 기록한 것이다. 현장의 늙은 농부들의 경험을 기록한 ≪농사직설≫이야말로 우리나라 최초의 유기농업 기록 책자이다. 현장 농민들과 유기농업 연구자들이 서루 머리를 맞대어 유기농업 기술을 한 단계 업그레이드 시켜야 할 시기이다.

12. 유기농업의 새로운 변화

2015년은 UN이 정한 '흙의 해'였다. 흙은 생명의 어머니이고 농업의 근본이다. 특히 유기농업에서는 흙의 중요성을 아무리 강조해도 지나치지 않는다. 흙에는 수많은 생명이 살아 있다. 눈에 보이지 않는 미생물에서부터 눈으로 볼 수 있는 지렁이까지 수많은 생명체들이 살아 움직이고 있다.

흙과 유기농업은 떼려야 뗄 수 없는 아주 중요한 관계이다. UN이 굳이 흙의 해를 선정한 이유도 이와 무관하지 않다. 지속가능한 흙의 관리를 통해서만이 건강한 환경과 함께 식량체계의 지속적 생산성을 확보함으로써 우리의 미래 세대들이 제대로 된 삶을 영위할 수 있기 때문이다.
그런데 우리의 바람과는 달리 현재 유기농업은 큰 위기에 직면해 있다. 위기에 직면한 이유는 여러 가지가 있겠지만 그 근본적인 이유는 정부 정책의 변화에 있다. 특히 육성에서 규제 중심으로 정책이 변화하면서 농민들에게 새로운 장벽을 만들었다. 훈련되지 않은 상태의 농민들이 새로운 장벽을 만나면서 유기농업을 실천하는 것이 더욱 더 어려워지고 있다.

이것은 또한 양적 성장에서 질적인 변화가 이뤄져야함에도 불구하고 30여 년 동안 준비하지 않은 농민의 책임도 크다. 2014년 KBS파노라마 사태에서 보듯이 그 동안 유기농업에 우호적이었던 언론이 친환경 농가들 대부분을 문제 농가로 치부하는 것도 큰 문제 중의 하나이다. 아무튼 지금과 같은 형태로 유기농업이 행해진다면 그 지속성을 담보할 수가 없다. 20년 넘게 유기농업을 위해 달려왔지만 그 길이 탄탄해지기 보다는 오히려 위태위태해졌을 뿐이다. 우리가 목표로 했던 것과는 반대로 유기농업이 어려움에 처한 구체적 이유를 간략히 살펴보면 다음과 같다.

첫째, 유기농업의 목표가 분산 관리 되어 왔다. 지금까지 저농약, 무농약, 유기재배라는 단계적 발전 방식을 채택해 왔지만 20년이 지난 현재의 모습을 보면 바람직한 방식이 아니었던 것으로 판단된다. 친환경농가의 대부분인 저농약 농가가 그냥 저농약에 머무르고 무농약농가는 유기재배로 질적인 성장과 변화를 하려고 노력하지 않고 있다.

둘째, 유기농업 발전을 위한 정부와 농민들의 진정성이 부족했다. 성과위주의 정책만을 펼치다 보니 숫자상의 일시적인 성과만 나타났을 뿐 유기농업을 우리농업으로 살리는 진정한 대안으로 생각하지 않고 준비되지 않는 농민들이 지원에만 의존하게 만드는 병폐를 낳았다.

셋째, 유기농업 또한 소비자 중심의 고품질 정책을 주로 취하면서 생태, 공정, 배려, 건강이라는 유기농업의 4대 정신을 훼손해버렸다. 유기농산물의 고품질 정책은 생산자재를 과잉으로 공급하게 만들어 유기농업 자재 또한 관행농업처럼 현장기술보다는 수입농자재 중심으로 재편되도록 했다. 수입농자재의 과잉 투입은 안전 농산물 생산에 엄청난 위협이 되고 있다.

그렇다고 어려움에 처한 우리나라 유기농업을 넋 놓고 바라보고만 있을 수는 없다. 지속 가능한 농업과 환경, 삶을 위해서 우리나라 유기농업은 새로운 변화를 모색해야 한다.
단기적인 성과보다는 장기적인 목표와 방향을 세우고 준비되지 않은 어설픈 정책을 펴기보다는 생산과 인증, 유통, 정책, 철학이 서로 합의되고 소통되는 방식의 새로운 시스템을 만들어야 한다.

유기농업이 사는 길

인간에게 가장 중요한 두 가지 일, 즉 식량을 자급하고 환경을 지키는 일에 농업만큼 충실한 역할을 담당하는 것이 또 있을까. 그러나 현재 우리나라 농업과 농촌은 구멍뚫린 댐처럼 붕괴상황에 처해 있다.

농촌의 문제야 어제 오늘의 문제는 아니지만 이제 걱정하던 문제가 정말 현실로 다가오고 있다. WTO각료회의와 뉴라운드 협상은 그렇지 않아도 영세한 우리 농가가 맨몸으로 다국적 농업과 경쟁을 하게 되어 할 말을 잃는다. 노동집약적인 중소규모의 가족농 중심인 우리 농가의 현실로 볼 때, 국가의 개입을 최대한 배제한다는 협상 결과는 정부가 농촌을 포기한다는 것과 다름이 없다. 이런 현실 앞에서 농민과 농촌을 살리는 대안은 무엇인가? 우리 스스로의 대안 모색에는 얼마나 성실했는가를 자문해보자.

산업화, 도시화의 필연적인 결과로 환경오염이 심해질수록 소비자는 친환경적인 상품에 관심이 깊어질 것이다. 농산물도 마찬가지다. 조금 비싸더라도 농약을 치지 않은 깨끗한 상품을 원한다. 더 이상 크기와 양으로 승부할 때가 아니다. 그러므로 친환경적인 농사를 지으려면 대규모 농업보다는 가족단위의 소규모 농사가 유리하다.

이런 추세를 간파한 선진국에서는 재빨리 유기농업으로 돌아서고 있다. 전체 농업생산량의 80%를 대규모 농업으로 길러내고 있는 미국에서 얼마 전 농산물의 10% 이상을 유기농으로, 20% 이상을 친환경농업으로 길러내겠다고 발표한 까닭도 그와 맥이 닿아 있다. 곧 대규모 농업을 지양하고 소규모 가족농으로 점차 바꾸어 가겠다는 뜻이다.

최근 정부가 발표한 유기농업 육성대책을 보면 지금까지 유기농업에 대한 부정적인 입장을 일관되게 견지해 온 정부의 방향 선회로 읽혀진다. 2010년까지 전체 농산물 중 유기농산물의 비중을 2%까지 확대하겠다고 밝힌 이 목표는 단지 선언한다고 이루어지는 것이 아니다. 목표를 실현하기 위한 구체적인 방안이 뒤따르지 않고서는 공염불에 그치기 마련이다.
막 싹을 틔운 희망의 불을 피우기 위해 어떤 노력들이 있어야 하는가. 처음 시작은 고단하기 마련이다. 우선은 유기농업에 대한 농민들의 의지와 참여가 기본바탕에 깔려 있어야 한다. 씨뿌리고 거두는 정성스러운 마음이 있지 않고서야 어찌 꽃이 피기를 바랄 것인가. 이제 더 이상 친환경농업을 민간의 운동적 양상으로만 받아들여서는 안 된다. 정부시책과 민간단체의 활동, 농민, 소비자가 함께 그릇을 만들고 정비해야 할 시점에 와 있다. 덧붙여 농민들에 대한 지속적인 교육과 정부의 일관되고 인내력 있는 정책과 연구, 그리고 생산적인 토론은 합리적인 대안농업의 큰길을 열어줄 것이다.

우선 국내에서 진행되고 있는 환경농업과 유기농업의 법적, 기술적, 제도적 관계의 정립이 필요하고, 한국농업의 장기 발전 방향과 목표에 대한 입장 정리 즉, 정부와 민간단체, 민간단체 내부의 유기농업을 바라보는 시각에 대한 정립이 필요하다. 사이비 환경 농업인을 양성해서 도시 소비자들에게 배척 받는 농업이 아니라 진정한 환경농업인을 양성해서 물과 흙과 공기를 살리고, 농업 또한 살리는 일에 모든 노력을 경주해야 할 때이다.

친환경 농업이란 자연에 도전하는 농사가 아니라 자연의 순리에 순응하는 농사인 것이다. 가장 존귀한 생명체인 인간이 추구하는 최대의 소원이라면 가장 행복하게 가장 보람된 일을 하면서 사는 생활이 더 없는 소망이 될 것이다.

최근 환경농업에 대한 관심이 높아진 가운데 국내 1호 친환경농산물 민간인증기관으로 지정된 흙살림에도 친환경농산물 인증을 받으려는 농민들의 신청이 쇄도하고 있다. 그 중에서 선도적으로 친환경농업을 하면서 흙살림 인증을 받은 몇몇 농가들은 환경농업의 미래를 밝혀줄 등대 같은 역할을 하게 될 것이다.

먼저 홍성군 홍동면의 '환경보전오리농법쌀작목회(회장 주형로)'를 주저 없이 들 수 있다. 홍동 지역은 공장지대가 없는 청정 지역으로서 1993년부터 오리농법을 도입하여 농약과 화학비료를 전혀 사용하지 않고 벼를 재배하고 있는 대표적인 친환경농업 생산지이다. 모래땅이 거의 없어 오리농법에 유리하고 화학비료 대신 자운영을 심어 양분을 보충한다. 기타 농자재 사용에 대해서는 쌀작목회 중앙에서 자재 사용을 엄격히 관리·통제하고 있다.

작목회의 회장인 주형로 씨는 1993년에 오리농법을 홍동면 분당리에 도입하여 각고의 노력 끝에 오늘의 결실을 이루어 냈다. 정농회 부회장이기도 한 주 회장은 친환경농산물을 상품화하기 위해서가 아니라 홍동 지역을 청정지역으로 만들어 내겠다는 의지를 가지고 환경보전농업단지를 구성하고, 환경농업교육관, 나눔의 집 등을 건립하였다.

또 하나 들 수 있는 홍천군 남면 명동리는 마을 전체가 농약을 사용하지 않는 농사실천을 결의한 동네다. 1992년부터 마을주민 30여 명이 환경

농업 실천모임을 결성, 환경농업을 실천한 결과 1999년 환경농업 특성화 시범마을로 선정되었다. 이곳에서 생산되는 쌀은 전량 한살림을 통해 직거래 판매하고 있다.
현재 명동리 55ha의 논에서는 전혀 화학농약을 사용하지 않고 농사를 짓고 있으며 40ha가 넘는 밭에서도 전혀 제초제를 쓰지 않고 있다. 60여호가 살고 있는 명동리에는 젊은 사람들이 많지 않지만 골짜기 자갈밭 어디에도 제초제를 사용한 흔적을 찾아보기 어렵다.
명동리는 이제 우리나라 대표적인 친환경농업 선진지로 자리잡아 전국 각지에서 수많은 사람들이 찾아오고 있다. 주부, 어린이 등 소비자와 다른 지역 생산자 농민들이 이곳에서 친환경농업을 체험하고 돌아가는 것이다. 명동리는 친환경농업을 앞장서서 실천해 나가는 선구적인 동네다. 앞으로 제2, 제3의 명동리를 만들어가는데 흙살림도 앞장설 것이다.

위의 경우 외에도 많은 농가가 유기농업을 실천하며 농업 분야에서 생태계 보전을 위해 애쓰고 있다. 이런 농가들이 신념을 버리지 않고 끝까지 실천할 수 있는 힘의 배후에는 소비자들의 선택이 큰 몫을 하고 있다. 농사는 농부만의 몫이 아니라 잘 먹어 주는 소비자가 있어야 하는 것이기 때문이다.

이제 우리는 세계적 흐름으로 자리잡고 있는 유기농업에 대해 좀 더 적극적인 자세로 임해야 할 것이다. 정부는 물론이고 친환경농업을 하고 있는 생산자들도 '유기농업'이라는 목표를 가지고 생산에 임해야 할 것이고, 소비자들 또한 생산자에 대한 믿음을 버리지 말아야 할 것이다. 결국 그것은 생산자와 소비자가 신뢰의 관계로 맺어지는 직거래 방식으로, 대규모 기업적 농업이 아닌 중소규모 가족농 방식이 적합할 것이다. 그것이 붕괴 위기에 빠진 우리나라 농촌과 농업문제를 풀어나갈 중요한 단초가 아닐까 생각한다.

5장 해외 & 사례

필리핀 '무기'농을 이겨낸 유기농

(2023년) 6월 초 아시아 지방정부 유기농협의회와 세계유기농연합회 정상회의, 아시아유기농대회가 열린 필리핀의 라 나오 델 노르테 주 카우스와간시를 찾았다.
당시 필리핀은 대통령이 농업부 장관을 겸임하고 있고, 농업과 전통 문화를 중시하는 나라이다. 농자천하지대본을 최고 권력자가 실천하고 있는 모습은 농업에 종사하는 이로서 부럽기만 하다.

이번 행사가 열린 카우스와 간시는 손에 든 무기를 비리고 농기구를 집어들어 유기농을 실현함으로써 전쟁을 끝내고 평화를 이룬 혁신적인 곳이다.
카우스와간시는 1970년대부터 반군과 필리핀 군대 사이에 수 년 간 내전이 일어난 분쟁의 중심지였다. 이로 인해 빈곤율이 90%에 이르러 필리핀 내에서도 최고를 기록하기도 했다. 하지만 2010년에 현 시장인 롬멜 아르나도(Rommel Arnado)가 취임을 하면서 분쟁의 원인이 되었던 빈곤과 식량 불안, 인구 집단 간의 불평등을 해결하기 시작했다. 이 해결의 시작점은 '무기에서 농장까지(from arms to farms): 유기농업으로 평화 만들기'라는 프로젝트였다.

이 프로젝트는 식량 안보 문제를 해결하는 동시에 반군을 사회로 재통합하기 위한 농업 훈련 프로그램이었다. 반군들은 무료 농지와 농자재, 종자 등을 제공받는 대가로 기꺼이 무기를 내려놓았다. 그 결과 10년

후 그들은 지역에서 가장 모범적인 유기농민 지도자가 되었으며 빈곤율은 20% 수준으로 감소했다.

이 농업 훈련 프로그램은 시간이 흐르면서 지역 사회에서 신뢰를 회복하고 식량 안보를 증진시키는 발판이 되었다. 또한 다양한 조직과 종교 지도자들이 참여 하면서 평화가 정착되기 시작했다. 이러한 노력으로 카우스와 간시는 2016년 10월 UCLG (세계지방정부연합) 평화상을, 2018년에는 UN 식량농업기구(FAO) 와 IFOAM 본부로부터 "미래 정책상(Future Policy Award)" 공로상을 수상했다.

주민의 90% 정도가 농업에, 10%가 어업에 종사하고 있는 인구 2만 명의 작은 도시가 이루어낸 혁신적인 사례라고 할 수 있겠다. 그야말로 유기농이 '무기'농을 이겨낸 희망의 정책이었던 것이다.

흙살림은 카우스와간시와 유기농업 기술 교류를 통하여 유기농업을 발전시키는데 협력하기로 하였다. 우리 인간의 손에 쥐어진 전쟁의 씨앗이라 할 수 있는 '무기' 를 버리고, 온 생명과의 평화를 위한 '유기농'의 세상으로 함께 나아갈 수 있기를 희망해본다.

유기농을 향해 가는 나라 부탄을 만나다

국민총생산(GNP)이 아닌 그 이름도 생소한 국민총행복지수 GNH(Gross National Happiness)가 가장 높은 나라가 있다. 가난하지만 행복한 나라 부탄. 지난 (2016년) 4월, 7박 8일의 일정으로 부탄을 다녀왔다. 이번 방문은 작년 9월 괴산에서 치러졌던 세계 유기농산업 엑스포 행사에 내방했던 텐진 덴둡 부탄 농림부 장관이 흙살림 연구소의 유기농업 기술에 대한 관심을 표명, 부탄의 유기농업에 대한 지원과 협력을 요청하여 그에 대한 응답으로 이뤄졌다. 이번 일정에는 흙살림 연구소를 포함 Asia IFOAM 회장과 사무총장, 말레이시아 유기농산물 유통 전문가, 한살림 생산자 회장, 그 외 국내 유기농업 전문가가 함께하여 부탄의 유기농업 현황을 살펴보고 한국의 유기농업 전문가들과 상호 협력할 수 있는 방안을 모색하는 시간을 가졌다.

부탄은 인도와 중국 티베트 자치구 사이에 낀 작은 산악 국가로 면적은 남한의 절반 정도에 인구는 청주시민과 비슷한 75만 명 정도이다. 국가의 북쪽 끝에 히말라야가 있어 고산이 많고 냉대 기후지만 남쪽으로 올수록 고도에 따라 온대 기후와 아열대, 열대 기후가 고르게 분포되어 있다. 이러한 기후 요건과 함께 헌법에 삼림의 비율이 국토 면적의 60% 이하로 떨어지면 안 된다고 명시되어 있을 정도로 국가적인 자연환경보전 정책에 힘입어 부탄은 야생동식물에게 지구상 가장 안전한 청정지역이다. 관광업을 제외하면 농업과 목축이 주산업으로 여름에 쌀과 옥수수, 겨울에는 밀과 보리 등이 재배되고 고지에서는 소가 주로 사육되고 있다.
농업의 규모를 보면 전체 국토 면적의 약 7%가 농경지로 식량 자급률은 40%정도이다. 쌀의 경우 70%가 인도에서 수입되며 일부 유기농 쌀은 외국으로 수출되고 있다. 농지는 보통 해발고도 1,200미터 이상의 산악 지역에 위치하고 있어 평지 뿐 아니라 계단식 농지를 조성하여 산기슭에서도 경작이 이뤄진다. 토양의 유기물 함량은 2~3% 정도로 비닐 사용은 거의 하지 않고 소똥이나 산의 낙엽을 활용하여 퇴비를 만들고 있다. 제초제를 비롯하여 농약, 비료 유통은 정부가 철저하게 관리하고 있다.

부탄은 현재 2020년까지 국토의 모든 농경지를 유기농 경작지로 바꾼다는 흥미진진한 목표를 갖고 있다. 이제까지의 부탄 농업은 비환경친화적 생산방식, 고비용 저생산, 농산물의 낮은 경쟁력 등 열악한 특징을 가지고 있었다. 이는 효율 낮은 종자 사용, 낮은 토양 비옥도, 비효율적인 농사 기술 활용과 관리, 기반시설 부족, 인력 부족에 기인한 것으로 이를 해결하기 위해 부탄 정부는 환경 보존과 농가의 소득, 생산성 증가를 목표로 2020년까지 모든 농지를 유기농업 경작지로 전환한다는 특단의 조치를 취하게 되었다. 부탄은 유기농업을 국가주요농업정책으로 삼은 유일한 국가다.

이번 방문의 주요 일정도 이러한 흐름 속에서 부탄의 유기농업 현황을 살피는 동시에 한국의 유기농업을 소개하고 상호 협력 방안을 모색하는 시간들로 채워졌다. 부탄 농림부, 유기농가, 부탄 원예 유기농업 연구발전센터, 농산물 판매장 등 부탄의 유기농업 현장을 방문하여 현재의 상황에 대해 깊이 있게 살펴 볼 수 있었다. 부탄은 지금 유기농을 향해 한 발 한발 다가서고 있다. 이러한 길에 흙살림의 기여와 역할을 필요로 하고 있다.

부탄은 2020년까지 국토의 모든 농업형태를 유기농업으로 전환한다는 목표 아래 부탄 농림부 산하 농업, 원예 연구센터도 유기농업 발전 연구센터로 탈바꿈시켰다. 현장을 둘러보며 들은 바로는 비록 완전한 유기농법은 아니지만 약 94%가 농약과 비료를 사용하지 않는 농업을 하고 있고 나머지 6%가 농약, 비료를 사용한다고 한다. 아마도 국가에서 농약과 비료의 유통을 관리하기 때문에 농자재에 대한 구매 접근성이 낮은 것이 그 이유일 것이라 짐작해본다. 모든 농사가 그렇겠지만 가장 애를 먹는 부분은 벼농사에서의 제초와 감자에 발생하는 병이다. 때문에 벼농사와 감자농사에서는 제초제와 농약을 사용하고 있다. 농림부 산하 연구소의 시험 재배지에서도 제초제 사용 흔적을 볼 수 있었다. 현지 농가를 방문하여 보니 부탄 농민들은 대부분 작물을 조밀하게 심는 밀식재배를 하고 있었다. 밀식 재배의 이유는 양분 부족으로 인한 생산량 저하를 만회하기 위함이라고 한다. 종합적이고 체계적인 토양 및 양분 관리가 필요해보였다. 2007년부터 전 농지의 유기농업화를 발표했지만 부탄의 유기농업 기술은 아직 체계적으로 연구된 적은 없고 일본의 벼농사 기술이 도입되어 일부 시험 중에 있다.

현지 농가 방문 중 부탄 시사나의 유기농업 농장에서 일하고 있는 젊은 농부를 만나 이야기를 나눴다. 2년 전 부탄에서 농업대학을 졸업하고 유기농 감자 재배 및 착유, 두부 가공을 주로 하는 이 농장에 취업했다는 이 청년에게 부탄에서 유기농업을 고집하는 이유를 들을 수 있었다. 단순히 국가 정책이나 농산물의 가격이 좋아서가 아니라 농사를 짓는 농민 스스로의 건강이 좋아지고 더불어 환경을 살리는 일이기에 유기농업을 고수하는 것이라고 한다.

앞서 언급하였듯이 부탄은 국민총생산(GNP)보다 국민총행복(GNH)이 중요하다는 이념 아래 국민의 행복을 중심에 둔 정책을 추진하고 있다. 이 국민총행복량을 구성하는 요소는 생활수준, 심리적 웰빙, 건강, 시간의 여유, 교육, 문화적 다양성, 굿 거버넌스, 공동체 활력도, 생태적 다양성과 회복력, 총 아홉 가지로 구성되어 국민 행복 지수를 평가한다. 이에 따라 부탄은 국민들의 기본적인 의식주를 국가가 보장하고 있다. 전기, 의료와 교육이 전부 무상으로 제공되고 쌀과 기름 같은 생필품도 최저가격으로 공급한다. 특히 흥미로운 것은 국왕 통치 하의 입헌 군주제를 채택하고 있는 부탄에서 국왕은 가난한 사람들을 보살필 의무를 가지고 있으며 이에 따라 부탄 국민 중 농지가 없는 사람들이 국왕에게 청원을 하면 국왕 소유의 땅을 제공받을 수 있다. 농지를 받는 조건으로 첫째, 땅을 팔지 않아야 하고 둘째, 가족 중에 땅을 가진 자가 없어야 하며 셋째, 농지를 받을 사람에 대한 평가가 선행되어야 한다고 한다. 또한 농지를 가진 농민들은 종자와 퇴비 등을 국가가 지원한다.

여행 중 부탄 정부 기관에 근무하는 케상 씨에게 부탄사람들은 정말 행복한가라는 질문을 넌지시 건네 보았다. 그러자 그는 행복이란 남이 주는 것이 아니라 내가 찾는 것이라는 답을 주었다. 남에게 보이기 위한 행복이 아닌 스스로의 내면에서 찾는 행복이 진정한 행복이라는 단순한 진리를 이역만리의 타국에서 새삼 깨닫는다. 부탄 사람들이 유기농업을 받아들이는 자세도 이와 같지 않을까. 스스로의 건강과 행복을 찾기 위해 하는 농사. 개발과 성장의 물결에 휩쓸려 깨끗한 산과 들과 물, 정겨운 이웃 간의 정이 사라져가는 우리나라의 안타까운 모습들과 비교해보면서 부탄은 부디 우리의 이런 전철을 밟지 않고 그들만의 것을 지켜나가길 기대해본다.

푸신 몽골족 자치현 시범농장을 다녀오다

한반도 전체 면적의 43배의 땅덩어리를 가진 나라. 총 인구 14억을 향해 달려가는 나라, 중국이 변화하고 있다. 정치, 경제 선진국으로 발돋움하기 위한 끊임없는 노력이 전 세계에 위협적으로 다가 오고 있는 요즘, 이러한 노력은 농업 분야에서도 예외가 아니다. 중국은 쌀과 밀, 옥수수와 같은 식량 작물의 주요 생산지로 유명하지만 지난 2004년 농산물 수입국으로 전락하고 말았다. 이러한 문제를 해결하기 위해 중국에서도 자국 농업의 경쟁력을 높이기 위해 여러 가지 정책을 시행하고 있는데 그 중에 하나가 바로 유기농업 육성이다. 더불어 최근 중국 내 자원고갈과 환경문제, 먹거리 안전에 대한 관심이 높아지면서 유기농업이 민간 기업 차원에서도 의미 있는 사업으로 다가가고 있다.

이러한 사업의 일환으로 지난 (2016년) 5월, 중국 요녕성 푸신몽골족자치현의 신상실업유한회사의 초청을 받아 다녀오게 되었다. 신상실업유한회사는 현재 푸신몽골족자치현의 거미산진(우리나라의 읍과 같은 행정단위)에 유기농을 목표로 한 생태농업지구를 운영하고 있다. 이번 중국 방문은 동아시아농업협회의 주관으로 이 지역에 한·중 생태농업지구를 조성하기 위한 첫 발걸음이었다.

푸신몽골족자치현은 요녕성의 대표 도시인 심양에서 약 170㎞ 떨어진 곳에 위치해 있다. 심양 공항에서 서쪽방향으로 난 고속도로를 2시간 정도 달렸지만 산이라고는 보이지 않는 대평원이 계속되는 것을 보면서 중국 대륙의 광활함을 새삼 느낄 수 있었다. 푸신은 원래 세계에서 가장 큰 탄광지역의 하나였지만 중국 정부의 석탄 억제 정책으로 약 40만 명 정도가 일자리를 잃는 등 쇠퇴의 길을 걷고 있었다. 그러나 최근에는 광활한 대지를 이용한 농업으로 다시 재기하려는 시도를 하고 있다.

동아시아농업협회와 함께 생태농업지구를 건설할 계획인 거미산진은 이름에서도 알 수 있다시피 하늘에서 보면 거미처럼 생겼다고 해서 붙여진 이름이다. 이 지역은 광업지역인 푸신몽골족자치현에서 특이하게도 농업이 중심인 지역이다. 총인구 2만 여 명 중 농업인구가 1만 9천여 명, 총 면적 6천만 평 중 절반인 3천만 평이 농지를 차지할 정도로 지역민의 대부분이 농업에 종사하고 있으며 주로 땅콩과 옥수수 농사가 대부분을 차지한다고 한다. 그러나 토양 산성도(pH)가 약 5.0, 약산성의 사질토로 이루어진 농지는 양분이 부족하고 척박하여 생산성이 우수한 편은 아니다.

거미산진에서 우리가 중국과 함께 농사짓게 될 곳은 신상실업유한회사의 소유인 9만평의 농경지와 2,000평의 중국 전통식 하우스 시설로 하우스에서는 토마토와 딸기, 적양배추가 재배되고 노지에서는 포도가 시범 재배 되고 있었다. 올해 이곳에 본격적으로 한국의 유기농업 기술을 적용하여 땅콩과 포도 농사를 짓기로 협의를 하였다. 특히 유기농업에 필요한 농사기술과 농자재는 흙살림에서 책임지기로 협약을 맺고 현재 흙살림의 기술로 생산된 퇴비가 땅콩 농사를 짓기 위한 밭에 뿌려질 예정이다.

앞서 언급했듯이 농업이 대부분을 차지하는 거미산진은 화학비료와 농약를 사용하는 관행 농사지역으로 한·중 생태농업지구의 유기농 농사가 성공하면 푸신몽골자치현 차원에서의 전폭적인 공식 지원을 기대할 수 있을 것이다. 점차 유기농업의 바람이 일고 있는 중국에 한국의 유기농업 기술은 새로운 한류가 될 수 있다. 이번 기회가 한·중 양국의 유기농업을 한 단계 발전시킬 수 있는 교두보가 되기를 기대해본다.

캄보디아 몽리티 농장을 다녀오다

세계 7대 불가사의 중에 하나로 꼽히는 전설의 사원 '앙코르 와트'가 있는 나라 캄보디아. 우리에게는 앙코르와트와 부유하지 않은 나라라는 이미지로만 알려져 있지만 사실 캄보디아는 1,500만 명의 인구 중 25세 이하의 인구가 총 인구의 65%를 차지할 정도로 젊고 활력이 있는 나라다. 또한 2004년부터는 적극적인 외자유치, 정국안정의 노력으로 고도 경제성장을 이루고 있는 중이다. 이러한 경제 성장의 한 축에 캄보디아 몽리티 그룹이 있다. 1989년 설립된 몽리티 그룹은 캄보디아 최대의 농산기업으로 동남아시아 5대 기업 중에 하나로 손꼽히는 대기업이다. 건설, 항만, 장비 등의 기간산업 외에 대규모 팜오일, 고무나무 농장 운영 및 양돈사업, 쌀 생산 및 수출, 과일 수출 등 농산업분야에서 주요 사업을 펼치고 있다.

지난 (2016년) 7월, 3박 5일의 일정으로 충북지역의 몇몇 기업과 함께 몽리티 기업과의 해외농업교류 추진을 목적으로 현지 실사를 다녀왔다. 우리 흙살림은 몽리티 기업의 대규모 농장에 유기농업 기술을 보급하고 유용미생물과 퇴비 제조기술 전수 등의 내용으로 이 사업에 참여하게 되었다. 특히 대규모 팜오일 농장에서 나오는 팜박과 팜오일을 활용하여 양질의 유기질 비료 및 친환경 병충해 방제제를 개발할 수 있을 것으로 기대된다.

캄보디아는 인도차이나 반도의 중앙부에 위치해 있으며 국토 중앙을 지나는 메콩강과 메콩강 지류가 이루는 광대한 중앙평원이 있고 북쪽과 남서쪽에는 산맥이 뻗어있다. 티벳쪽의 히말라야 빙하에서 흘러나오는 물이 메콩강으로 유입되어 비옥한 토양을 이루고 있지만 관개시설 및 내부 물류를 위한 철도와 도로 등 농업 인프라 및 생산기술 등이 제대로 갖춰지지 않아 농업 생산성이 저조한 편이다. 캄보디아의 농지는 pH 5.0 내외의 약산성 토양으로 대부분 화학비료 중심으로 농사를 짓고 있다. 중심 작물은 쌀로 전체 경작지의 90%를 차지하고 있으며 이 외에 슈가팜, 캐슈넛, 옥수수, 타피오카, 사탕수수, 고무, 후추 등을 재배하고 있다. 특히 캄보디아 후추는 특유의 향으로 유명하여 세계적으로 인정받고 있고 도시에는 후추만 판매하는 전문 판매장이 있을 정도이다. 캄보디아에는 몽리티 그룹과 같은 대규모 기업농과 소농들이 공존하고 있다. 전체 인구의 75%가 농업에 종사하고 있지만 농촌과 도시의 소득 격차가 큰 편이다.

최근 캄보디아에서도 유기농업에 대한 관심이 높다. 유기농업 경작지는 2011년 이후 매년 증가하는 추세로 현재는 10,000ha에 이른다. 유기농 쌀과 팜슈가 등 주요 특산물의 경우 정부 차원의 적극적인 지원으로 미국과 유럽에 수출하고 있으며 수출량도 매년 눈에 띄게 증가하고 있다. 주요 소비 시장인 수도 프놈펜에는 유기농 매장도 여러 곳 있다. 로컬 유기농 매장에서는 캄보디아 인증기관으로부터 인증 받은 농산물과 다양한 가공품들이 판매되고 있으며 식당과 유기농 가공품을 함께 운영하여 판매하는 매장도 있다. 아직 태국, 말레이시아와 같은 주변국에 비해 유기농업에 대한 국가적인 정책 지원은 미흡하지만 내수 시장에서의 유기농산물에 대한 관심도 증가, 수출물량의 증대 등으로 앞으로 계속 발전해갈 것으로 보인다.

몽골 유기농업의 첫 걸음

끝없이 펼쳐지는 사막과 푸른 초원위에 드문드문 보이는 게르(몽골 전통 주택). 몽골하면 가장 먼저 떠오르는 것들이다. 유목을 하며 가축을 키우는 것이 일반적인 몽골의 농업형태라 인식되는 탓에 몽골에서 채소나 곡식을 재배하는 모습이 쉽사리 떠오르지 않는다. 드넓은 초원 위에 펼쳐진 유기농 채소밭. 과연 실현 가능한 상상일까? 이 궁금증을 해소하기 위해 지난 (2016년) 10월 29일부터 11월 1일까지 몽골 수도인 울란바토르와 북부에 위치한 셀렝게 지역을 방문하였다.

몽골은 중앙아시아 고원지대 북방에 위치한 내륙 국가이다. 북쪽으로는 러시아, 남쪽으로는 중국과 접경하고 있으며 면적은 1,567천㎢로 한반도의 약 7.4배에 달한다. 또한 평균 고도가 해발 1,500m정도인 고원 국가이기도 하다. 북서쪽은 산악형 고산지대, 남부는 사막지대(고비사막), 중부와 동부가 초원지대를 이루고 있다. 전국토의 40%가 사막지대이지만 모래사막은 드물고 대부분 강수량이 적어 초지가 형성되지 못한 황무지 토양의 사막이다. 전형적인 대륙성 기후로 영하의 날씨가 이어지는 겨울이 11월부터 시작 되어 이듬 해 3월까지 이어진다. 우리가 방문했던 10월 말 셀렝게 지역도 최저기온이 영하 23도, 최고기온 영하 11도로 한국과는 비교도 할 수 없는 매서운 겨울 날씨였다. 대부분의 대지가 눈으로 덮여있는 가운데 그 위에서 가축들은 여전히 평화롭게 건초를 먹고 몽골의 전통 이동식 주택인 게르에서는 사람들이 생활하고 있었다.

셀렝게주는 울란바토르 북쪽에 위치한 몽골의 주요 농업지역 중의 하나이다. 이 지역은 소련의 지원을 받던 사회주의 경제체제 하에서 밀을 재배하는 대규모 국영농장이 운영되기도 했다. 현재는 몽골의 농기업들이 수천 헥타르의 농지에 밀농사와 가축 사육을 하고 있다. 이 지역에서는 밀, 감자, 채소, 훈제어류, 육류와 젖, 양모가 주로 생산된다. 대부분 화학비료는 사용하지 않으나 제초제를 사용하는 대규모 농장으로 밀농사 규모만 600ha(1,800만 평)에 달한다. 토양은 갈색 사양토로 유기물 함량이 높은 편이고 pH. 6~7로 토양의 물리화학성이 우수하다. 그러나 질소와 유효 인산의 함량이 낮은 경우가 많다. 비료를 사용하지 않는 무투입 농법으로 오랜 시간 동안 토양 내 양분을 사용하기만 했기 때문이다. 하지만 비료 사용이 거의 없다는 점 덕분에 제초 문제만 해결한다면 상당 부분 유기재배가 가능할 것으로 판단된다.

대부분의 농업기업들은 제분기업과 협력하여 농지에서 나온 밀로 밀가루를 생산한다. 이들 기업들은 아직 유기농업의 개념조차 없다. 그러나 기업들이 직접 생산한 농산물을 소비자에게 공급하는 유통, 판매까지 하게 된다면 소비층의 수요에 의해 유기농업을 금방 도입할 수 있을 것이다. 특히 셀렝게 지역은 중국 북경에서 수도인 울란바토르를 거쳐 러시아 모스크바로 이어지는 철도가 지나고 있어 주요 소비지역과의 접근성이 뛰어나다. 이런 물류의 장점을 활용한다면 이 지역에서 생산되는 유기농산물이 몽골의 주요 도시에서 소비될 수 있으리라 기대된다.

이전부터 몽골에서는 한국의 우수한 농업기술 및 농업시스템을 도입하기 위해 몽골의 농업 인력을 한국에 연수시키는 등 많은 노력을 기울여왔다. 이러한 노력이 이제까지는 관행농업이나 시설원예에 집중되었지만 향후 체계적인 유기농업 방식을 도입하기 위해 우리와 협력한다면 몽골 전체지역에 유기농업을 도입하는 것도 생각해볼 수 있을 것이다.

특히 농업 분야에서 축산의 비중이 가장 큰 몽골 농업의 특성을 살려 농업과 축산을 연계한다면 경축순환이 온전히 이루어지는 완전한 유기농업이 가능할 것이다. 또한 관수장치를 도입한 농업기업들의 밀 생산량이 거의 배로 증가했다는 점을 보면 적절한 기계와 장치를 도입하여 제초 관리를 하는 것도 가능할 것으로 보인다. 그리고 무엇보다도 몽골의 유기농업 도입을 위해 정부정책과 농민, 기업들의 의식 변화가 선행된다면 몽골 전체의 유기농업화도 꿈같은 이야기는 아닐 것이다.

이스라엘과 유럽의 농업

이스라엘, 이집트, 네덜란드, 프랑스, 벨기에의 농업과 그들 나라의 사는 모습을 돌아볼 기회가 있었다. 1998년 6월 10박 11일간의 이번 연수를 통하여 '한국농업이 나아갈 길과 내가 한국농업에서 어떤 역할을 할 것인가'에 대해 좀더 생각해 볼 수 있었다.
연수단은 전국에서 선발된 선도 학사개척농 27명, 공무원 4명, 안내 1명 등 모두 32명으로 구성되었으며, 연수기간 동안 일행은 농가방문, 현장순회, 농민단체와 농민관련 연구기관 방문 등을 하였다.
이번 연수를 통하여 WTO체제하의 세계농업이 각국 공히 위기를 맞이하고 있다는 사실을 실감하게 되었다. 이스라엘과 네덜란드는 물 관리를 어떤 방식으로 하느냐가 커다란 차이점 중의 하나였다.

네덜란드의 선진농업

네덜란드의 농업은 그야말로 인간이 자연과의 경쟁을 통해서 이룩한 위대한 사례 중의 하나로 생각된다. 조용하고 낭비 없는 나라. 겉치레보다는 실용적 관점에서 만들어진 건물, 도로, 관배수시설, 바둑판처럼 정교한 밭, 그 위에 뛰어다니는 가축들... 모두 인간이 만들어낸 아주 멋있는 작품이었다.
네덜란드는 전국토의 40%가 해수면보다 낮고, 오랫동안 바다였던 땅을 제방으로 막아 간척사업을 했기 때문에 땅이 비옥하며, 대부분 땅도 라인강의 하구에 위치한 삼각주였던 탓에 관수가 용이하고 비옥하다. 네덜란드의 수출품 중 농산물이 차지하는 비율은 20% 정도로 농업이 큰 역할을 담당하고 있고, 낙농제품, 과수, 꽃, 토마토 등 기타 원예 산업은 유럽공동체에서 높은 생산 비중을 차지하고 있었다. 8000㏊의 유리온실 가운데 55%가 채소, 43%가 화훼, 2%가 과수 재배이며, 농가 평균 경작면적은 약 0.8㏊이다. 네덜란드의 유리온실은 최첨단 시설로 이용되고 있는데, 환기, 보온, 난방, 관수 등의 전 과정을 복합적으로 처리하는 환경제어장치를 갖고 있다. 네덜란드 등 선진농업국들도 WTO체제 출범에 대해 대단한 위기감을 느끼고 있었고, 약 30%의 농가가 이농을 고려 중이라고 했다.

선진농업기술은 몇 년 만에 이루어진 것이 아니며, 수십년 동안 축적된 작물재배기술, 농가 간의 유통협력망 구축, 정부의 적극적인 뒷받침 등이 어우러져 선진농업국으로 자리잡을 수 있도록 만든 것이다. 모든 경험과 기술은 판매를 어떻게 효과적으로 할 것인가에 관심이 쏠려 있으며, 그러한 관심으로 인하여 적극적인 농산물 수출국이 되었다. 수출품의 생산기술과 포장기술은 선진농업국임을 쉽게 알 수 있게 한다.

(1) 웨스트랜드 채소 공판장

○ 웨스트랜드 채소 경매장은 이 지역의 채소생산농가(3,000여 농가)가 모여 만든 것으로 해당 농가는 채소공판장 운영, 감독을 하고 농가에서 생산되는 모든 채소를 경매장에서 처리하여 생산된 농산물을 제값으로 받는 데 유리하다.

○ 회원제 경매장으로 개인적으로 판매하는 경우 경매장을 이용할 수 없다.

○ 경매 방법은 컴퓨터를 이용하여 높은 가격에서 낮은 가격으로 가격을 이동하며 경매한다.

○ 농산물의 등급은 농가에서 정하고 있으나, 경매장의 검사원이 재검사하여 경매시 상품을 뜯어보지 않고 경매가 이루어지며 농가는 생산된 물량을 예시한다.

○ 경매수수료는 거래 농산물 가격의 3%이며 저온창고 유지비로 5~6% 정도를 거두어 경매장 운영비, 인건비 등으로 사용되고 있고 1주일에 1번 경매(금요일)를 실시한다.
○ 수확되는 농산물은 모두 익은 상태로 수확되며, 특히 토마토 등은 맛이 상당히 좋고 색깔도 아주 양호한 상태이며, 미니토마토는 5개 정도 연결된 상태로 수확하여 관상용으로도 판매한다.
○ 네덜란드 내 7개 경매장에서는 품목별로 경매시간을 정해서 경매를 함으로써, 동시에 다른 경매장의 농산물 가격도 알아볼 수 있으며, 또한 다른 지역의 농산물도 매입할 수 있도록 하여 전국적으로 가격 차이가 거의 없이 농산물이 거래되고 있다.
(2) 알스메어 화훼경매장
○ 5,000여 명의 화훼재배농가에서 출자하여 운영하고 있다. 인원 1,700여명.
○ 경매절차: 생산물 입하(냉장시설보관) → 생산물 품질검사 경매장 이동(전자게시판에 생산물의 품질 및 생산자 설명) → 경매(시계식 경매체제) → 낙찰자 물품인도 → 자금결재 및 물품 인수
○ 경매방법: 시계바늘이 높은 가격에서 낮은 가격으로 내려오면서 구매자가 가격을 정하는 방식이며 수수료는 5%이다.
○ 모든 품질 규격화, 자동화, 신속이동, 냉장창고 이용, 세계 각지로 수출된다.
(3) IPC 버섯연구소(Innovation and Practical Training Center for plant)
○ 연구소에 오는 농민의 요구에 따라 교육 프로그램을 설정하여 제시하며, 경제성을 중심으로 교육이 진행된다. (이론+연구소 실습+농가실습). 교육비용은 농민 부담이다.
○ 양송이 재배 중심이고 세계적으로 유명한 버섯연구소이다.
○ 네덜란드에는 800여 재배농가가 있고, 수출은 70% 가량. 총 약 20만

톤 생산한다.
○ 버섯재배농가는 CNC (네덜란드 버섯재배협회)에 가입한다.
○ 양송이는 5단으로 재배 중인데 평당 100~200㎏ 생산하며 대부분 생식용이었다(국민 1인당 2.5㎏ 소비).
○ 배지는 주로 말똥과 밀짚을 완숙퇴비(Composting)로 만들어 이용한다.

(4) 오이 재배농장

○ 유리온실 1만 5,000평 오이재배. 1일 20~25명 노동
○ 농약은 꽃 피기 전 2번 사용하고 주로 천적을 이용한다.
○ 묘는 모두 육묘장에서 구입하여 사용하며, 농가는 우수한 농산물 생산에만 관심이 있었다.
○ 인건비와 싸움 중(생산비 중 인건비 비중이 높아 30%가 전업 고려중).

(5) 피망 재배농장(Westland CLASTUNBOUW)

○ 16농가가 공동 출자한 1만 8,000평의 유리온실에서 피망을 재배한다(1일 30명 노동),
○ 피망색깔은 10여 가지였으며, LNG(천연가스)를 이용하고 있었다.
○ Koppert. 천적이용

(6) 토마토 재배농장

○ 면적 : 3만평(유리온실), 1일 40~50명 노동
○ 생물학적 방제 때문에 살충제의 살포는 불가능하며 온실 내에서 발생하는 온실가루이 등의 방제를 위해 천적인 기생벌의 알을 온실내 여러 곳에 봉지에 담아두어 해충 발생에 대비하고 있었다.
○ 토마토를 수확하여 선별, 포장하는 작업은 기계화되어 있어 중앙통로의 구멍에 부으면 과실이 수로를 통하여 선과기까지 자동적으로 모이게 되며 선과기에서 과실의 크기, 무게, 색깔 등에 따라 자동적으로 선과 되고 있었다.

○ 모든 양약재배시 폐액 등을 방출시키지 못하는 법이 제정되어 폐액을 저장하는 탱크가 따로 있다.
○ 토마토 1㎏ 생산비는 약 800원, 현재는 700원 정도에 거래됨. 수확기간은 9개월.

이스라엘의 농업

불모의 땅에 피운 이스라엘의 농업은 20세기 초부터 형성된 협동의 이념을 중심으로 조직되고 활동한 기브츠, 모샤브 등의 협동 농장이 중심이다.
기브츠는 모든 재산과 수익을 공유하며 영농활동과 농산물 판매는 물론 식사와 세탁을 공동으로 하고, 공동체 내의 다양한 일들을 각자 임무를 부여 받아 수행하고 있다. 현재 이스라엘에는 기브츠가 약 270개 있으며 전체인구의 2.5%가 이곳에서 거주하고 있다. 모샤브는 개별가구마다 농장을 갖고 영농활동을 하며 농자재, 생활용품의 구매, 생산된 농산물의 판매 및 서비스 분야에서 서로 협동한다. 약 450개의 모샤브가 있으며 모샤브 당 약 60가구(전체 인구의 3.5%)가 여기에 살고 있다.
기브츠와 모샤브는 이스라엘 전체 농산물의 약 80%를 생산하고 있고, 최근에는 기브츠 내 농업종사자는 20~50%에 불과하다. 물론 기브츠 밖에서 공무원이나 기업체에 취업하더라도 급여일체는 기브츠에 귀속되고 필요경비는 기브츠로부터 분배 받아 사용한다. 그러나 지금까지 농업발전의 선진 모델처럼 여겨왔던 기브츠, 모샤브도 커다란 문제점을 갖고 있었다. 대부분의 노동력을 외국의 값싼 노동력으로 이용하고 있고, 이스라엘 내의 젊은이들은 대부분 농업을 회피한다는 사실이다. 이스라엘에 있는 어느 연구소의 관계자도 이스라엘 농업의 승패는 바로 기브츠에 달려있고 기부츠가 어떠한 형태의 농업으로 가야 할지 아직 정확한 방향이 서지 않았다고 하였다. 대부분의 기브츠와 모샤브는 농업생산에서 관광농업중심으로 변화하고 있으며, 기브츠 내 구성원의 삶의 질 향상에 대한 욕구, 농업소득의 한계 등으로 생산공장, 호텔 등의 운영과 같은 농외소득 중심으로 옮아가고 있었다. 이들은 아침 6시부터 오후 4시까지 8시간 일하고 그 이후는 자유시간이다. 남녀 공히 만 18세가 되면 남자는 3년, 여자는 2년 군 복무기간을 갖는다. 따라서 기브츠 회원은 군 복무를 마친 남자 21세, 여자 20세 이상 40세 이하로 입회 희망 후 2년 간의 심사기간을 거쳐 정회원으로 가입하고 있다.

이스라엘의 그린하우스는 유리온실이 거의 없고 비닐하우스가 대부분이다. 비닐하우스의 재배환경은 암면이나 펄라이트와 같은 인공토양에 점적관수시설이 되어있다. 일조량이 많기 때문에 건축비가 많이 소요되는 유리온실이 필요 없으며, 비닐하우스 내에서도 얼마든지 좋은 품질의 농산물을 생산할 수 있다고 말한다.

(1) 개발연구센터(Development Study Center)

○ 이스라엘 지역발전에 관한 프로그램 제시 및 세계 각국의 농촌성장 프로그램 연구.

○ 농업의 기술발달로 인하여 유휴노동력을 이용하기 위한 한 측면으로서 관광농업화가 진행되는 것이 바람직하다.

○ 그린 하우스(Green house) 발달은 토지소유의 영세성으로 인한 한 해결법이다.

○ 농업발전과 지역발전 방안을 여러 가지로 제시할 뿐이고 해결 방법은 스스로 연구하고 찾는다.

○ 이스라엘 기브츠, 모샤브의 관광농업 전환을 연구하고 있고 개별적 연구가 아니라 협동적 연구가 중심이다.

○ 이론과 실습적용까지 배우는 연수코스를 운영한다.

○ 세계적인 연구소로 자부한다.

(2) 기브츠 부설 네타핌(NETAFIM)주식회사와 피망 재배 농장

○ 1965년에 제1공장 설립 이래 3개의 공장과 미주지역에 1개의 현지

공장 운영.
○ 물 관수 기자재를 50종류 이상 만들고 90개국 수출(1억 5,000만 달러). 한국에도 수출하고 있다.
○ 관수의 기본은 물을 정확하게 뿌리에 전달하는 기술이며 오랜 경험을 축적하고 있다.
○ 물과 비료의 효율적 이용, 뿌리부분에 적당한 습도를 유지함으로 공기의 유통을 원활하게 하고 필요없이 뿌리가 뻗어 나가는 것을 방지하여 작물의 생육과 결실률을 높인다.
○ 소용돌이식 물 흐름 구조로서 막힘이 없이 일정량의 물과 양분을 공급하여 작물을 균일하게 생육시키는 것이 특징.
○ 대부분 비닐하우스 시설을 이용하여 피망을 재배하고 있고, 자동제어장치, 관수시설은 거의 완벽하게 설치되어 있다.
○ 이스라엘은 외부기온이 높기 때문에 하우스 내부온도를 어떻게 내릴까에 관심이 많다.
(3)농업연구조직(Agricultural Research Organization)
이스라엘 농업을 연구하는 정부기관으로 생산량을 증대시키고 생산비를 낮추는 일에 관심을 가지고 있고 미래농업을 연구하고 있다.
○ 생산물의 품질향상, 즉 비료, 농약을 적게 사용하면서 품질을 높이는 방법 연구 중이다.
○ 농업의 주변문제, 즉 물, 환경 등 주변문제 해결이 농업의 질을 높이는 일이다.
○ 동식물이 앞으로 어떤 품종이 개발될 것인가에 관심을 갖고 유전공학적 방법을 연구하고 있다.
○ 농업에 이용되는 물 연구를 위해 과다한 염분 조절이 관건이다.
○ T-Y-Virus에 강한 품종개발(25년 걸림)
(4) 기브츠(DOROT)
○ 기브츠 회원 500명, 30만 평의 땅에 젖소 300두(착유 250두), 당근,

마늘 등 재배.
○ 항생제 함량이 높은 소는 6일 동안 착유하여 판매하지 않는다. 대부분 다즙사료(수분 40%정도).
○ 외국인에 대해 배타적이고, 대부분의 노동력은 인도, 태국인 고용(월 500$).
○ 700석 규모의 회관, 유치원, 식당 운영, 고등학교까지 보내준다.
○ 젊은 사람은 농업에 참여하지 않고 도시에 나가 일하며, 기브츠의 핵심은 주로 경영에만 참여하고 노동력은 값싼 외국인 고용.

소감과 결론

WTO 출범과 더불어 한국농업은 어디로 갈 것인가. 주위로부터 끝없는 도전이 계속되는 시점에서 한국 농업 속의 나는 무엇을 할 것인가. 과잉생산과 농업과 공업의 생산력 격차는 자본주의화가 끊임없이 지속되는 현실 속에서 어떻게 극복이 가능할 것인가. 농업은 우리나라 뿐 아니라 세계적으로도 이제 새로운 재편시기로 돌입하였다. 거의 완벽하게 인식되었던 이스라엘 농업 속의 기브츠, 모샤브의 위기는 우리 모두에게 많은 것을 시사해 주었다. 각국 공히 끝없는 경쟁 속에서 살아남기 위하여 규모 확대 및 경영 합리화를 통한 적극적인 대응책을 모색하고 있었다. 결국 한 나라의 농업문제를 해결하기 위한 해법은 지역 환경에 가장 적당한 농업으로 자연과 친화력이 있는 농업생산양식과 방식을 동원하는 것이다.

농민과 농민의 협력관계, 행정력의 협조, 더불어 수많은 농업정보망의 구축, 농민과 정부 간의 유기적인 협력관계, 경쟁에서 살아남아야겠다는 정신이 우리 농업을 새롭게 만드는 시금석이 될 것이라 본다.
수박 겉핥기식의 해외연수이지만 농업적 철학이 분명한 농민만이 경쟁에서 이길 수 있다는 사실을 깨달을 수 있었다.

캐나다 유기농업

캐나다 친환경농업 견학연수단(단장 박재일 외 33명)은 농림부의 지원 하에 2001년 7월 5일부터 13일까지 8박 9일 동안 캐나다 UBC 농과대학 초청으로 서부 브리티시 콜롬비아주의 친환경농업에 관한 생산, 유통, 가공, 수출 현장을 견학하고 돌아왔다.

캐나다의 친환경농업 개요

캐나다는 세계 5대 유기농업국가에 속하지만, 농가 인구 비율은 우리나라보다 낮아서 전체 인구의 1.5%가 농민이다. 그 중에서 환경농업을 실천하는 농가수는 전체 농가의 2%가 안 되며, 면적으로 살펴보아도 전체 농경지의 1%가 안 된다. 그러나 최근 들어 유기 농산물에 대한 수요가 급증하면서 판매액이 매년 20%씩 급신장을 하고 있으며, 2010년경에는 유기농산물 판매액이 전체 농산물 판매액의 10% 정도까지 도달할 것으로 전망하고 있다.
브리티시 콜롬비아 지역에서는 1993년부터 품질인증을 실시하고 있으며, 현재 12개의 민간단체를 중심으로 품질인증을 진행하고 있다. 브리티시 콜롬비아 주정부에서는 12개 항목의 짧은 유기농산물 인증규정을 선포하였고, 12개 민간단체에서는 각기 독자적인 기준을 가지고 품질인증을 하고 있었는데, 이들 민간단체의 경우 주정부의 유기농산물 인증기준보다 엄격한 기준을 적용해 나가고 있었다. 유기농산물 수요가 증가하고 있지만, 대다수를 차지하는 관행농업과의 마찰은 이 곳에서도 접할 수 있었는데, 주정부에서도 환경농업을 지원하고 있지만, 규모가 큰 관행농업을 더 많이 지원하고 있었다.

수출 위주의 대단위 유기농업 생산단지

브리티시 콜롬비아에서는 유기농업을 경작하기에 유리한 지역 (프레이저, 오카나간)을 중심으로 광범위한 면적에서 대규모 채소 및 과수가 유기농업으로 경작되고 있으며, 이들 지역에서는 경작 농민을 중심으로 운영되는 유기농산물 저장, 선별·포장 회사들이 활발히 움직이고 있었다. 오카나간 지역의 경우 유기농업으로 농사를 짓는 농가의 수입이 관행농업으로 농사를 짓는 농가보다 월등히 많았는데, 1999년 자료를 보면 관행농업 농가의 경우 1에이커(약 1,200평)당 2,600달러를 수확하는데 비해 유기농업 농가의 경우 1에이커당 1만 달러를 수확하고 있어 4배 가까운 소득을 올리고 있었다. 따라서 많은 인력을 동원할 수 있는 능력이 있는 농가에서 유기농업을 경작하고, 오히려 능력 없는 농가는 관행농업을 하고 있었다.

이 대단위 유기농 단지에서는 캐나다 농업연구기관과 천적회사 그리고 지역에 위치하고 있는 농과대학이 합심하여 농가를 개별 방문하면서 지도하고 있었다. 영농현장을 중심으로 다양하고 체계적인 연구들이 활발히 진행되는 모습은 우리나라의 상황과 큰 대조를 이루었다.

이들 대규모 유기농업 농가는 유럽과 아시아 등 세계 각지로 유기농산물을 수출하고 있으며, 한국에도 수출하려고 연수단 일행에게 집요한 질문공세를 퍼붓기도 하였다. 현재 6일 만에 체리 등 각종 과일이 세계 각지로 수출되고 있었다. 농가에서 농산물 수출에 대한 상당한 관심을 가지고 있다는 점 또한 우리나라와 비교되는 상황이었다.

캐나다에서는 유기농산물을 세계 각지로 수출하고 있지만, 한편으로는 상당량의 유기농산물을 수입하고 있었다. 특히 미국에서 많은 양의 유기농산물이 들어오고 있었으며, 미국 농산물에 대한 두려움을 캐나다 농민들도 가지고 있었다. 현재 캐나다에서 유통되고 있는 유기농산물의

80% 이상이 수입되고 있었는데, 연수단이 방문한 대형 유기농산물 도매점(프로 오가닉스)에 설치된 대형 냉동 창고에서도 미국, 멕시코 등지에서 수입되는 여러 종류의 유기농산물을 살펴볼 수 있었다. 이것을 보면서 우리나라에서도 조만간 수입 유기농산물이 상당량 판을 치며 돌아다니게 될 것 같은 예감을 떨칠 수 없었다. 우리도 수입유기농산물에 대한 대응 방안을 만들어 나가야 할 것이다.

농민시장을 중심으로 한 소규모 유기농업 농가

브리티시 콜롬비아 지역의 유기농업은 대규모 유기농업 단지도 있지만, 소규모 가족농으로 유기농업을 하고 있는 농가도 의외로 많았다. 경작규모도 우리나라와 비슷하였는데, 6에이커(약 7,200평)에서 120종의 다양한 채소농사를 짓고 있는 헤이즈메어 유기농장의 경우를 살펴보면, 소규모 농지에서 다양한 채소를 집약적으로 재배하여 고소득을 올리는 농가도 있었다. 이 농장의 경우 밴쿠버 최고의 식당으로 꼽히는 비숍식당 등을 포함하여 200여 곳의 고정 판매처를 확보하여 유기농 채소를 공급하고 있었다. 연수단 일행이 이 농장을 방문하였을 때, 모두들 놀란 것은 식용이나 장식 용으로 재배하고 있는 유기농 꽃들이 많다는 것이다. 꽃을 재배해서 높은 소득을 올리고 있었는데, 고급 식당 등지에서 음식에 곁들이는 장식용 꽃으로 이용하거나, 직접 식용으로 이용되는 꽃들이 의외로 많았다.

이들 소규모 유기농가들은 농민들이 직접 참여하는 농민시장 등을 통해 유기농산물을 직접 판매하기도 하고, 유기농산물 도매점, 소매점에 납품하기도 하였다. 농민시장은 상인은 참여할 수 없고 순수한 농민들만 참여하는 시장이었는데, 우리나라에서 5일장 서듯이 정해진 날에 장터가 열리는 비상설 시장이다. 농민시장은 유기농업 농가들만 참여하는 것은 아니고 일반 관행 농가들도 참여하고 있었다. 도시마다 농민시장이 활성화되어 있었으며, 이 시장에 농산물을 내다 팔고 있는 농가들도 농민시장에서 많은 수입을 올리고 있었다.
이 곳에서 판매되고 있는 농산물 가격이 일반 시중 가격보다 낮을 줄 알았는데, 담당자 이야기에 의하면 오히려 이곳에서 거래되고 있는 농산물이 상품성도 좋고 싱싱하기 때문에 높은 가격에 거래가 이루어지고 있다고 한다. 우리나라에서도 이러한 시장이 활성화되어야 할 것이다. 예전에 우리나라에서도 시골 5일장에 농민들이 직접 참여해서 사고 팔고 거래가 이루어졌는데, 요즘은 시골장터도 전문 상인들이 점령해 버렸다.

유기농산물 유통

브리티시 콜롬비아 지역에서 다양한 방식으로 유기농산물이 유통되고 있었는데, 유통망으로 유기농산물 전문도매점, 소매점, 농민시장, 재래시장 등이 있었고, 최근에는 유기농산물을 배달해주는 소규모 회사들이 많아지고 있다고 한다. 우리나라에서 흔히 볼 수 있는 슈퍼마켓 정도 규모의 유기농산물 판매점 2곳을 돌아보았는데, 우리나라와 비교가 안 될 만큼 다양한 유기농산물 품목을 갖추고 있었다. 채소나 과일 등 농산물 외에도 다양한 육류 제품들이 있었고, 비타민제 등의 약품(건강보조식품)류, 각종 천연향신료, 비누, 샴푸 등 세제류, 화장품류, 주스류 등을 다양하게 볼 수 있었다. 그 밖에도 유기농업용 종자들도 다양하게 구비하고 있었고, 심지어 우리나라에서는 거의 사라져버린 수세미를 가공해서 팔고 있었다.

유기농업에 적합한 기후

브리티시 콜롬비아주의 면적이 우리나라 남한 땅의 6배 정도 크다고 하는데, 7박 8일간 그 지역을 돌아보고 나서 가장 절실히 느끼는 점은 우리나라 농민들이 그곳에 가서 농사를 짓는다면 놀면서 농사를 지을 수 있을 것 같다는 생각이었다. 광활한 농경지와 풍부한 수자원이 있었고,

그리고 무엇보다도 고온 건조한 여름철 기후가 농사를 많이 도와주었다. 여름철 날씨가 우리나라 가을날씨처럼 맑고 건조하면서, 기온은 30도를 오르내린다. 자연히 병이 적을 수밖에 없다. 우리나라에서는 불가능하다고 결론이 내린 사과, 배 유기농업을 이곳에서는 손쉽게 하고 있었다.

처음에는 도대체 어떻게 사과농사를 유기농업으로 할 수 있을까 무척 궁금했다. 여름철에 비가 거의 오지 않고, 오카나간 지역의 경우 1년 동안에 내리는 비가 300밀리미터 정도밖에 안 된다. 우리나라처럼 단 며칠 만에 400밀리 이상 쏟아지는 폭우가 없다. 비는 적게 오지만 로키산맥에 쌓여 있는 만년설이 녹으면서 흐르는 관수 시설만 있으면 쉽게 농사를 지을 수 있다. 우리나라처럼 비닐 피복을 하지 않아도 풀이 많지 않다. 날씨가 건조해서 풀이 잘 자라지 못한다. 한낮에도 그늘에만 있으면 서늘하다.

맺는말

우리나라 사람들이 대체로 성질이 급하고 다혈질이라고 하는데, 그 이유를 우리나라의 변화무쌍한 기후에서 찾을 수 있을 것 같다. 봄에는 극심한 가뭄 속에서 물 대느라 고생하다가, 장마철에 접어 들면서 사방에서 물난리가 나고, 또 다시 습도가 높아 짜증나는 여름날이 계속된다. 그리고 태풍이 몰려와 다 익어 가는 벼를 쓰러뜨린다. 극성스러운 날씨만큼이나 온갖 잡초와 병충해가 살기 좋은 기후다. 봄부터 가을까지 번성하는 다양한 잡초와 수많은 병충해와 전쟁을 치르면서 농사를 짓는다.

이렇게 변화무쌍한 기후 속에서 유기농업을 실천하고 있는 우리 나라 농부들의 위대함이란 이 지구상에서 유래를 찾아보기 어려울 것이다. 온갖 악조건을 견디며 잡초처럼 피어나는 고귀한 생명력을 새삼 느낄 수 있는 기회였다.

쿠바 유기농업

쿠바의 첫인상

아직도 세계 지도에는 2개의 사회주의 국가가 있다. 바로 북한과 쿠바인데, 북한은 우리와 같은 민족이고 가장 가까이 있지만 가 볼 수 없기 때문에 갈 수 있는 나라인 쿠바에 더욱 관심이 있었는 지도 모르겠다. 최근 미국과 전쟁을 한 이라크를 보면서도 미국의 바로 옆집에 있는 쿠바도 세계 최강인 미국에 결코 질 수 없다는 자존심을 강하게 갖고 있는 것이 아닌가 생각한다.

우리 세대가 받은 교육으로 볼 때 쿠바는 결코 가까이 할 수 없는 나라였다. 그러나 세상은 무서운 속도로 변하고 있다. 한국인도 쿠바에 들어가서 '21세기 농업의 모델' 을 답사하고 연수할 수 있는 기회가 주어지고 있는 것을 보면 세계의 변화를 절감하게 된다. 2003년 5월 환경농업단체연합회 산하단체 회원과 언론인, 농민 등 20여명은 쿠바 세계유기농업대회 참가차 12일 동안 쿠바를 다녀왔다.

아침 일찍 출발하여 인천 공항에는 8시쯤 도착하였다. 청주에서 인천 공항까지는 버스로 약 2시간 반 정도 걸리는 것 같다. 11시 05분 UA800편으로 인천 공항을 출발하여 1시간 20분 후 동경 나리타공항에 도착하여 약 3시간 동안 머물다가 오후 4시 20 분경에 UA838편으로 나리타공항을 출발하였다. 4시 20분에 출발한 UA838 항공기는 태평양 상공을 장장 9시간 동안 떠 있다가 미국 시간으로 8시 20분경 샌프란시스코에 도착하였다.

미국에 비자가 있는 세 사람은 입국하여 수속한 후 다시 멕시코행 비행기를 타기 위해 수속하였다. 샌프란시스코에서 멕시코시티까지는 비행기로 약 4시간 정도 걸린다. 멕시코시티의 콜론미션파크호텔(COLON MISSION PARK HOTEL)로 가서 하루 저녁을 지내게 되었다. 멕시코시티는 총을 마음대로 가질 수 있는 곳이고 세계에서 가장 오염이 심한 분지 지형이라고 한다. 밤이 되면 위험한 나라이니 함부로 움직이지 말라는 현지 가이드의 안내가 있었다.

그 다음날 멕시코시티를 출발하여 쿠바의 하바나에 도착하였다. 하바나 호세마르티 공항은 생각했던 것보다 상당히 자유롭고 안정되어 보였다. 공항에 펄럭이는 만국기 속에는 일본이나 미국, 북한의 국기는 보였지만 태극기는 찾아볼 수가 없었다. 쿠바가 한국을 바라보는 시각이 반영된 것이 아닌가 생각한다. 몇몇 사람이 일본인(Japanese)이 아니냐고 물어보는 사람도 있었다.

멕시코시티에서 하바나로 직접 운항하는 비행기는 빈 좌석 하나 없이 꽉 차 있었다. 멕시코시티에서 25달러짜리 관광 비자를 구입하였는데, 공식적으로는 입국할 수 없는 나라이지만 비공식적으로는 입국할 수 있다.

미국은 쿠바에 대해 한 단계 높은 금수조치를 취한다는 소식을 이곳에 오기 며칠 전 외신으로 들었다. 공식적으로는 쿠바에 대해 금수와 통행금지 조치를 취하고 있지만 많은 미국인들은 제3국을 경유하여 공공연히 쿠바에 드나들고 있다. 쿠바의 동쪽 끝 미국 해군 기지 관타나모는 미국이 돈을 지불하고 임대하여 쓰고 있다. 아프가니스탄에서 함께 잡혀 온 포로들도 관타나모 기지에 있다. 많은 쿠바인들이 미 해군 기지에 일을 하러 출입한다.

쿠바 역시 달러벌이에 혈안이다. 달러를 벌기 위해 외국인에게는 대우에 확실한 차이가 있다. 하바나에 있는 미국 연락소 앞에는 많은 군인과 경찰들이 지켜 서 있었다. 쿠바에도 미국 연락소가 있다는 사실이 재미있다.

하바나의 호세마르티 공항은 비교적 깨끗하고 직원들이 친절한 것 같았다. 미국의 공항 직원들보다는 훨씬 친절해 보였다. 비록 국방색 군복 같은 제복을 입고 있는 사회주의 국가이지만, 이방인들을 크게 경계하는 것 같지는 않았다. 입국 사무소의 바로 뒤에는 나무문이 하나 달려 있었고 한쪽으로만 열리게 되어 있다. 그 문을 나가자마자 문이 닫혀 버린다. 뒤에 있는 사람이 전혀 보이지 않도록 해 놓았다. 다른 나라 입국 실과는 크게 다른 점이라고 생각한다.

세관을 통과하여 나오니 우리를 안내하는 현지 안내인이 기다리고 있었다. 그 안내원은 김일성 대학에서 5년간 공부를 했다고 한다. 쿠바에는 우리말을 할 수 있는 가이드가 몇 사람 없다고 한다. 가이드는 우리를 친절하게 안내해 주었고 쿠바 하바나에서 가장 좋은 호텔 중의 하나인 멜리아 하바나 호텔(MELIA HAVANA HOTEL)에 여장을 풀었다. 쿠바는 20초 동안 전화 통화를 하는데 무려 미화 1달러 40센트를 받고 있는 나라이다. 쿠바에 도착한 날 저녁은 하바나에 있는 식당으로 갔다.

우리나라처럼 휘황찬란한 식당 간판은 없었지만 비교적 튼튼한 의자와 식탁이 참 인상적이었다. 바다 앞 저녁노을은 장관이었다. 해가 지는 것을 바라보니, 서쪽 저 멀리 있는 우리나라가 떠올랐다. 바닷물은 참 깨끗했고, 오염된 흔적이라고는 찾아볼 수가 없었다. 온 세상이 비닐 천국인 우리나라와 비교하면 차분하고 뭔가 급하지 않아 보였다.

쿠바 유기농업의 발전 배경

쿠바는 카리브해에 있는 섬으로 인구는 1,100만 명이며, 수도 하바나시에도 218만 명이 거주하고 있다. 도시거주자가 약 80%를 차지하는 나라이다. 국토면적도 11만4,524㎢로 한국의 2배 크기이다. 아열대성 해양기후로 연간 평균기온이 섭씨 25.5℃, 8월에서 10월의 평균기온이 28℃이고, 1월에서 2월의 평균기온이 22℃, 연간 강수량은 1,375㎜, 우기인 7월에서 10월에 1,059㎜, 1월 에서 4월에 316㎜가 내리는 기후 조건이다.

1898년에 쿠바는 미군정 아래 들어가고 스페인과 미국의 지배 아래 쿠바농업은 농업과 수출·경제작물 위주로 대규모 단작농업이 발달하게 된다. 그 뒤, 1959년 카스트로가 쿠바혁명에 승리를 거두게 되자 그 다음 해부터 미국의 경제봉쇄가 시작된다. 미국 대륙에서 불과 이백수십 킬로미터밖에 떨어져 있지 않았는데도 아스피린 하나 들여오지 못하는 매우 혹독하고 어려운 경제봉쇄 기간을 40년간이나 강요받아 온 것이다.

1980년대 후반부터는 동구 사회주의권이 붕괴되고 1991년에 소련이 붕괴되면서 쿠바에도 커다란 변혁이 왔다. 소련에서 수입하던 연간 100만 톤의 화학비료, 200만 톤의 사료작물, 2만 톤의 농약, 트랙터나 기계부품 등 당시 무역 수입량의 30%를 한꺼번에 잃게 된 것이다.

이에 카스트로는 식량자급을 최우선 과제로 하는 농업의 대전환을 도모하게 된다. 석유, 화학비료, 농약 등이 아무것도 없는 가운데 식량 자급을 목표로 한다는 것은, 대규모 기계화 농업에서 유기 농업으로 전환하는 것을 의미했다. 다만 토양연구소나 열대농업기초연구소 등의 연구자들의 얘기에 따르면, 그 이전에 유기농업으로 전환할 수 있는 기초 작업은 이미 진행되어 있었다고 한다. 쿠바 유기농업 혁명 이전에는 철저히 트랙터, 화학비료, 농약에 의존한 농업, 대규모 농업을 하다보니 병충해가 많이 발생하여 큰 피해를 초래하게 되었고, 또 화학비료를 많이 투입함으로써 지하수의 오염이 번져가고 있었다. 토양연구소의 통계에 따르면 토양 침식률이 44%, 염해(鹽害)가 15% 정도 되었다고 한다.

경제 봉쇄에 의해 불가피하게 추진된 혁명이긴 하지만 세계적으로 전국토가 유기농업을 하고 있는 나라가 유일하게 쿠바이다. 자립적이면서도 생태 순환적인 유기농업을 실현하고 있는 쿠바의 유기농업 모델은 농업자원을 석유에 의존하고 있는 우리나라 농업에 시사하는 점이 크다고 할 수 있다.

흙 상자 재배방식

쿠바 유기농업 연수가 본격적으로 시작되는 날이다. 도시형 농업은 주로 흙을 관리하는 시스템으로서 흙이 좋지 않은 지역은 흙 상자를 이용해서 재배를 하고 있고, 흙이 좋은 지역도 흙을 경계 지어서 농사를 짓고 있었다.

흙 상자 재배방식은 흙의 유실을 막을 수 있고 특히 유기물, 질소나 인의 유실이 없어 물의 오염을 막을 수 있는 장점이 있다. 이 방식은 1994년에 시작하여 하바나 채소재배의 90%를, 전국적으로는 70%를 차지하고 있다. 이 방식의 장점은 첫해부터 유기농법이 가능하고 수확이 결코 떨어지지 않는다는 것이다.

수학은 ㎡당 20㎏ 정도 되고 잡초가 없다. 잡초가 없는 이유는 토양의 잡초가 거의 없는 상태로 상자에 흙이 넣어지기 때문이다. 상자 재배 방법은 돌 30%, 흙 퇴비 40%+ 유기물 30%로 방선균이 가득한 흙을 넣어준다. 흙의 냄새를 맡아보니 방선균이 가득한 흙이었다. 흙 만드는 방법은 토양 검정 후 퇴비를 보강하는 방식으로 지렁이 퇴비는 일반 퇴비보다 10㎏이 더 증수되었다고 한다.

나무나 바나나 같은 작물은 주로 땅에서 직접 재배하는 방식을 도입하고 있다. 비료는 주로 퇴비를 활용하고 무기물보다는 유기물을 이용하고 있다.

제초는 물 관리를 이용한 방법으로 작물에 따라 위에서 관주하는 방식과 밑에서 관주하는 방식이 있다. 일반 포장은 물을 주지 않아 잡초가 타서 죽게 하는 방식을 도입하고 있다. 사람이 일할 때 날파리 등의 벌레들이 못 달라붙게 하기 위해서 박하 비슷한 것을 귀에 꽂고 일한다.

쿠바의 유기농업은 석유가 필요 없는 방법이어서 비닐이나 경운에 기름이 거의 들어가지 않는다.

농약으로는 살충제 연구가 많이 되어 있고, 님(Neem)을 활용하는(님 오일, 케이크 등) 방법, 담배가루를 활용하는 방법 등이 있다. 미생물은 트리코데르마, 하지아늄, 바실러스 슈링지엔시스 등의 미생물을 농업에 활용하고 있다. 트리코데르마는 밀로 배양하고, 바실러스는 싸래기에 배양한다. 연구된 미생물들은 모두 현장에서 이용된다. 현장에서 이용되지 않는 연구는 연구로 취급되지 않고 있다. 국가가 운영하는 미생물 연구소는 종균 관리, 배양 방법 등을 주로 실험 연구하고 있다.

토양연구소

하바나 시내에 있는 토양연구소는 우리의 흙살림연구소와 비교해 볼 수 있어 관심이 많았으나, 시간이 부족해서 충분히 견학하지 못한 점이 아쉬웠다. 전국의 토양을 커버하는 토양연구소는 지역별로 연구를 지원하고 있다. 특히 눈에 띄는 것은 구비를 이용한 흙 만들기이다. 지렁이를 이용한 흙 만들기가 많이 연구되고 있다.

토양연구소는 주로 토양 분류 - 물리, 화학성, 토양 보전- 침식, 염해 등에 대해 연구하는데, 각 지방의 연구 지원과 지역과 연계된 연구를 하고 있다. 이곳은 토양보전국, 지도국, 농업생명과학국, 식물영양국 등으로 편재되어 있으며 지렁이를 이용한 흙 만들기와 퇴비 만들기에 관심이 많았다.

토양보전국은 흙 배분, 작물에 따라 사질토나 점질토로 구분하여 하고 토양의 질과 침식을 높이기 위한 연구를 계속하고 있다. 농업생물공학국은 토양의 질을 높이기 위한 대안 마련, 미생물 이용방법, 지렁이 이용 방법 등 대안별로 연구하고 있다.

화학 농법과 기계화로 인한 토양의 질 저하에 대한 연구, 망가진 땅의 질을 높이기 위한 중점 연구, 유기질 성분을 높이기 위한 연구에 관심이 많았다.

퇴비 만드는 데 꼭 필요한 것은 지렁이다. 지렁이로 만든 퇴비는 비료로서 우수할 뿐만 아니라, 지렁이는 물고기의 사료로도 사용할 수 있다. 바나나 사이에 지렁이를 키우는데 바나나가 작은 경우 이는 위에 차광

막을 사용하며, 바나나가 크면 차광막을 사용하지 않고 지렁이를 키운다. 쿠바는 오후 한나절씩 비가 오기 때문에 지렁이를 키우는데 적당한 습도 유지가 잘 된다. 바나나는 지렁이 퇴비의 양분만으로 잘 자라고 그 밖의 비료는 전혀 필요하지 않다고 한다.

바나나 나무 아래 퇴비 더미 속에는 엄청난 수의 지렁이가 살아 움직이고 있었다. 토양연구소에는 장방형의 지렁이 실험통을 가지고 있었고 지렁이를 사용하여 일반 가정용 음식물찌꺼기 퇴비화를 진행하고 있다고 한다. 지렁이 퇴비를 담배밭에 4t/㏊ 시비한 결과 소똥 40t의 효과가 있었고 수량도 36% 정도 늘었다고 한다.

1989년 지렁이 퇴비에 대한 계획을 시작하여 1992년까지 전국에 172개의 지렁이퇴비센터가 만들어졌고, 생산량은 9만 톤으로 계속 증가하고 있다. 토양연구소의 5개 시험 농장에서는 지렁이 퇴비 만들기 연구를 정기적으로 하고 지렁이 퇴비 만들기 전국회의도 개최하고 있다고 한다.

지렁이는 마대, 종이, 골판지, 종이상자 등 뭐든지 다 먹는다. 만들어진 퇴비는 우수하고 무엇보다도 퇴비 만들기에 돈이 들지 않는 것이 장점이라고 한다. 유기 농업의 기초가 되는 것은 흙 만들기이고, 기초 연구를 해 나가는 중심 기관이 토양연구소다.

유기농업연구소(열대농업기초연구소)

유기농업연구소는 기본적으로 열대농업의 기초를 연구하는 곳으로 남아메리카연구소 중 2번째로 오래된 곳이다. 쿠바의 각 지역에는 이러한 연구소가 있다.

쿠바는 1980년부터 유기농업 발전에 대한 생각을 가지고 있었고 많은 연구가 이루어졌다. 1978년 연구자들을 지방으로 보내면서 농민들을 가르치고 쿠바 전체에 유기농업을 확대하기 시작하였다. 1994년부터 하바나의 중심에 도시 농업이라는 모델을 만들었고, 그 후 유기농 씨앗과 비료를 준비하면서 본격적으로 발전시켰다. 쿠바의 유기농업연구소에서 가장 중요한 것은 농업에 대한 연구 결과를 현장에서 검증하고 성과가 나와야 비로소 '연구'라고 말할 수 있다는 것이다. 한국에는 연구와 현장적용을 별개로 생각하는 대학교수와 연구자가 많다는 사실과 비교되는 부분이다.

연구소의 연구자는 박사급도 많이 있지만 농촌에 들어가 농민과 함께 먹고 자면서 연구 성과를 농민과 함께 공유하고 식량 증산에 매달리고 있다. 유기농업연구소는 250명 중 80명이 전문 연구자로서 활동하고 있다.

생물학적·유기질 자재와 살충제

주로 님(Neem)을 번식시키고 대량 육종하여, 님케이크 등 님나무를 활용, 유기농업 적용에 심혈을 기울이고 있다. 자연적 살충나무인 님은 인도로부터 도입, 증식하여 보급하고 있다. 쿠바에는 100년 먹은 님나무가 3그루 있다. 200만 주를 육성하여 쿠바 전 지역에 보급하고 있고, 7~9월에 님 열매를 채취하여 4주가 지난 후 다시 심는다. 4주가 지나면 발아율이 현저하게 떨어진다고 한다.

토양의 질을 높이기 위한 시비 기술은 다른 남미국가의 유기적 시비기술을 참조하고 있다. 유기농업을 진작시키기 위한 생물공학 기술 등을 활용하여 흙, 종자, 퇴비의 안전성을 시스템적으로 연구 보급하고 있다.

유기농업연구소는 도시 지역의 버려진 땅을 어떻게 활용 보전할 것인가를 중요한 테마로 삼는다. 쓰레기 버리는 땅을 활용하고, 돌 무더기만 있는 쓸모없는 땅을 활용하여 유기농업 포장(농장)으로 사용하고 있다. 상자재배방식을 활용하는 모습이 많이 보이는데. 나쁜 흙을 교체하여 새로운 좋은 흙(일반 흙과 새로운 밖에서 만든 좋은 흙)을 넣어 주는 방식으로 유기농업 접근의 새로운 형태이다. 윤작에 대해 연구하여 작부체계에 적용하고 있으며, 옆 작물과 좋은 관계에 있는 작물을 심는 혼작을 철저히 실천하고 있다. 예를 들어 파비트-메리골드를 심어서 1㎡당 20㎏(㏊당 200t) 정도를 생산하고 있고 지역에 따라서는 1㎡당 35㎏까지 생산하는 곳도 있다. 1년 농사를 짓고 난 후에는 질소·인산·칼륨(N. P. K)을 분석해서 유기질을 보충하는데, 1㎡당 10㎏ 이상의 흙을 보충한다. 특히 지렁이 퇴비를 많이 활용하고 있다.

생물 시비 전문가인 버나도 박사에게는 흙의 유기물 지속이 과제다. 15%를 증수하는 미생물제제를 개발하여 지역에 공급하고 있다. 각 지역의 흙을 가지고 와서 미생물을 분석한 후 고속 증식한 후 지역에 보내주고 있다. 뿐만 아니라 다른 나라에서도 쿠바 미생물을 구입해 가고 있다.

미생물연구소

종합 방제의 중심을 담당하는 것은 각종 생물 농약이다. 생물 농약은 천적곤충의 이용, 미생물 이용, 식물성 농약 등 세 가지로 나눌 수 있다.

<세균과 곰팡이 활용>

인간에게 해가 없고 곤충에게 병을 일으키는 세균, 곰팡이 바이러스를 이용하고 있다. 주로 이용되는 미생물은 트리코데르마, 하지아니움, 버티실리움, 레카니, 바실러스 슈링기니시스 세파24, 바실러스 슈링기니시스 세파13이 주로 활용되고 있다.

생물 농약은 연간 3,000톤을 생산하고 있다. 현재 3개의 공장에서 생산하고 있으나 양이 부족하다고 한다. 국내 수요를 채우려면 29개의 공장이 만들어져야 한다고 한다.

쿠바의 미생물농약 활용 사례는 다음과 같다.

- 29종의 생물농약 개발, 280곳의 소규모 생산센터 운영
- BTK: 4 균주 이용, 배지는 과즙을 사용(오렌지, 포도, 당근, 호박, 사탕수수 등)
- 곰팡이 배양은 곡물 등 고체배지를 주로 이용: 쌀 부산물, 커피 부산

물, 사탕수수 부산물 등 생산비 절감
- 곰팡이는 장기배양이 효과가 우수함
- 생산비 (10㎏당)
BT: 1.72페소, 액상정치배양, 곤충구제용
버티실리움: 10.43페소, 액상정치배양, 온실가루이 구제용
뷰베리아: 12.63페소, 액상+고체 배양 병행, 곤충구제용
- 트리코데르마: 토양병원균 방제, 모종부리에 접종, 묘목, 종자 처리용
- BT생산: 액상정치배양 적용 → 액체배양과 고체배양법을 같이 활용, 응애용 BT도 있음
- QC를 위해 생산량의 2% 이용, 균주 보급소 운영
- B.bassiana: 성페로몬과 함께 사용
- M.anisopliae: 성페로몬과 함께 사용, 총채벌레용도 있음. 총채와 온실가루이는 치료보다 예방에 치중함

〈님나무의 활용〉

어느 지역에도 실현 가능하고 농민들도 쓸 수 있는 기술이 쿠바 유기농업 밑바탕에 깔려 있다. 식물 추출물을 이용한 살충제 개발도 활발한데 마늘, 금잔화 등 여러 가지 식물을 이용하는 기술이다. 님나무 등 식물 추출물을 이용한 사례는 다음과 같다.

- 님나무, 파라다이스나무, solanum mammosum, 금낭화 이용
- 12㏊이상 생산을 위해 심음. 30만 그루 식재, 200톤 생산
- 님 이용: 곤충, 응애, 선충
- 님 제제 만들기: 종자 채취 → 세척 → 건조 → 분쇄(neem powder) → 20~25g을 물 1리터에 넣음 → 6~8시간 숙성 → 걸러냄 → ㏊당 300~600리터 오후에 살포(㏊당 neem powder 67.5㎏ 소용됨)
- 선충구제: 님파우더 1㎡당 100g 살포, 응애에도 효과

〈제초방법〉

제초제를 쓸 수 없기 때문에 잡초 대책을 다양하게 연구하고 있다. 그중

하나는 사이심기다. 콩과 옥수수를 사이심기하면 그늘이 생겨 키가 작은 잡초를 막을 수가 있다. 고구마 같은 피복성 작물을 심음으로써 다년생 잡초를 억제할 수 있다.
쿠바에서는 잡초 종류에 따라 사이심기 체계가 상세하게 세워지고 있다. 토양을 뒤집으면 흙이 피폐해질 뿐만 아니라 표면에 노출된 잡초 씨앗이 싹이 트게 된다.
<포식성 곤충의 대량 사육>
병충해 방제에는 기생성 천적을 사용한다. ㏊당 8,003만 마리를 사용하는데 종류도 많고 효과도 우수하다. 천적을 이용하는 기술의 핵심은 생태계에 맞게 적용하는 것이다.
유익선충은 개발단계인데 귤과 사탕수수의 바구미를 방제할 목적으로 하고 있다.

농장과 시장 및 기술지원센터

<일본인 농장>
1985년 일본 사람이 중심이 되어 시작된 농장으로 0.5㏊ 정도 농사를 짓고 있다. 쿠바 개인 농장 중 가장 큰 농장 중의 하나라고 한다.
3명이 일을 하며, 협동조합의 기술자로부터 기술지원을 받고 있다. 재배 작물은 양배추를 비롯하여 종류가 수십 가지이며 특히 크기는 20mx1.2m×10㎝이며 1㎡당 10㎏의 지렁이 퇴비를 사용하고 있다.
이 농장은 국가에 공급하는 대신 75%를 학교 급식에 공급하고 있고 25%를 농장에서 직접 판매하고 있다.
국가 농업 기술자가 1주일에 1~2번 농가를 방문하여 기술을 지도하고 있다. 64개 농장을 관리하고 있고 1일 30페소의 인건비를 받고 있다. 대학 교수나 의사가 250~300페소를 받고 있는 것에 비해 국가 농업 기술자는 약 2배의 인건비를 받고 있다.
개인 농장은 국가에 세금을 안 내는 대신 병원이나 학교에 20% 싸게 농산물을 공급하고 있다.

<아메리가 농장>

UBPC 산하의 농장으로 가족을 중심으로 일을 하고 있고 0.5㏊의 밭에 유기축산과 유기농업을 같이 하고 있다. 가족들은 5명이 참여하고, 아들 2명, 남편, 동생과 함께 5명의 가족이 농장에 참여하고 있는데, 아주머니가 농사의 모든 권한을 행사하고 있었다.

유기축산은 닭 80마리, 돼지 2마리, 염소 5마리, 소 2마리가 있는데, 돼지는 음식물을 먹여 사육하고 있었다. 단일한 축종으로 대량생산하는 것이 아니라 다품목 소량생산을 하고 있다.

자재는 주로 협동조합에서 구입하는데, 조합원은 자재를 싸게 구입할 수 있다고 한다. 소똥은 3개월 정도 발효시켜 사용하고 있고 지렁이를 이용하여 발효시키고 있다. 또한 인근 호수 바닥에서 파 온 유기물을 농사에 활용하고 있다.

생산한 농산물 중 75%는 국가가 지정하는 곳에 판매하고 있고 25%는 개인이 직접 판매하고 있다. 농장에서 일하는 사람들은 농사짓는 일이 재미있고 좋은 일이라고들 한다.

<UBPC농장>

UBPC농장은 우리나라의 영농조합법인 형태의 운영체로서 1990년 이후 만들어지기 시작하였고 협동조합 방식으로 운영되고 있으나, 성과급제를 도입하여 운영하고 있다. UBPC농장의 한 곳은 쓰레기 처리장을 농장으로 바꾼 곳으로 과수재배와 양배추, 토마토의 묘목을 생산해서 주의 농장에 공급하는 역할을 하고 있었다.

한달 월급이 약 700페소로 노동자보다 월급이 많고, 일요일은 주로 쉬고 있고 일하는 사람들이 자율적으로 회장을 뽑아 운영하고 있다.

코코넛과 오렌지를 같이 심어서 개인소득을 올릴 수 있는 근거를 만들어 주고 있다.

<국영농장>

하바나에서 제일 생산량이 많은 국가 농장으로 약 30명이 일하고 있다. 농장 책임자는 바울로프리야이다.
국영농장에서 생산되는 품목은 양배추, 토마토, 브로콜리 등 30 여 가지의 엽채류가 재배되고 있다. 1인당 인건비는 900~1,200페소로 쿠바에서는 아주 좋은 조건이다. 대학 교수나 의사의 인건비가 250~300페소인 것을 보면 농민들의 수익이 상당히 높다는 것을 알 수 있다.
0.9㏊의 면적에 농사짓는 사람은 20명, 판매자는 10명이다. 하바나 시에 가까이 있기 때문에 물류비가 거의 들지 않고 직관을 하고 있다.
농장 귀퉁이에는 옥수수를 키우고 있었는데, 이유는 벌레가 살도록 해주고 바람을 막아주기 위해서이다. 벌레들이 옥수수를 좋아 하므로 벌레를 유인하여 키우고, 박하향이 나는 알바카라는 것을 심어서 벌레가 도망가는 역할을 해 주고 있다.
제초는 사람이 열심히 뽑는 방법을 하고, 단일작이 아닌 혼작을 적극적으로 실천하고 있는데 혼작에는 반드시 파를 심어서 혼작의 효과를 극대화하고 있다.
국영농장은 82㏊ 재배에 140명이 일한다. 농장의 수익은 국가가 50%, 개인이 50%를 갖고, 오전 9시에 출근하여 오후 5시에 퇴근하고 토·일요일은 주로 쉬고 있다. 국가에 내는 것 중 20%는 병원과 탁아소에 공급하고 30%는 외교관, 호텔 등에 공급하고 있다고 한다.
<농민시장>
하바나 중심부에 위치한 농민시장은 농가가 직판할 수 있는 판매시장이다. 현지 농장에서 판매하지 못하는 것은 이 곳에 와서 직접 판매를 하고 있다.
하바나 시에는 35개의 판매 장소가 있고 2.5% 수수료를 내며 보관비는 하루에 20페소이다. 판매하는 사람들이 가격을 결정하여 판매할 수 있다.
<기술지원센터>

유기농자재 판매장은 하바나 시에 58개 정도가 있고 농민들에게 농업에 관한 지도와 서비스를 제공하고 있다. 정부가 연구한 기술은 이 곳을 통하여 농민들에게 제공하고 있고 묘목, 종자, 퇴비, 미생물, 농기구 등 농가에 필요한 모든 것을 지원하고 있다고 한다. 상점은 도시 농업에 꼭 필요한 곳으로 마감리라는 여자 혼자서 운영하고 있었다. 미생물 4가지를 1달러에 구입할 수 있다.

교육과 복지

유기농회의에 교육부가 주최하고 참여한다는 사실은 우리나라와 사뭇 다른 모습 중의 하나였다. 정부가 학생들에게 취하는 농업 정책 중의 하나는 초등학교 때부터 일주일에 6~7시간씩 농업공부를 시킨다는 것이다. 그것도 구체적으로 작물을 심고 가꾸고 수확하는 이론과 실습을 병행하고 있고, 중등학생은 일주일에 7시간 씩, 대학생은 1주일에 1일 이상씩, 농촌에 가서 직접 현장을 체험하고 일을 해야 한다.

쿠바에서는 모든 사회적 시스템이 농업 중심으로 되어 있다. 의사와 교수보다 농민이 훨씬 돈을 많이 벌고 있다.

쿠바에서 또 한 가지 주목할 수 있었던 부분은 사회보장제도이다. 쿠바에서는 사회보장제도가 거의 완벽해 보였다. 교육과 의료는 모두 무료이고 내용도 거의 세계 수준이라고 한다. 어릴 때부터 자기적성에 맞는 교육을 받게 되고, 적성에 맞는 일을 하기 위하여 교육시스템이 갖추어져 있다. 아이들은 부모들이 1년만 키우면 거의 완벽할 정도로 정부가 책임지는 구조로 되어있다.

쿠바 연수 소감

가네꼬 요시노리가 지은 〈21세기의 모델 쿠바의 유기농업〉이라는 책을 보고 쿠바에 가서 직접 현장을 보고 싶다는 생각이 들었다. 그러나 우리가 생각했던 책의 내용보다는 부족한 것이 많았지만 국가적으로 농업을 중심으로 한 사회시스템을 만들어 간 모습은 우리가 상상할 수 없을 정도였다.

쿠바의 농업은 유기농업이 결코 식량의 생산성 문제 즉 세계의 기아문제를 해결할 수 없다는 어설픈 학자들의 말을 과감히 '아니다'라고 답하고 있다.

쿠바는 소련으로부터 에너지의 67%를 수입석유로 충당하는 나라였으나, 1991년 이후 에너지를 수입하는 길이 봉쇄되면서 공장의 80%가 문을 닫고 실업률은 40%까지 이르렀었다. 국내 교통기관도 70% 이상이 마비되었으며 하바나 시에도 13시간 이상의 정전이 다반사로 일어났었다.

쿠바는 외화 획득의 중심이 사탕수수였는데 이것도 비료나 농약의 부족으로 생산량이 급감했다. 미국은 쿠바에 대한 경제 봉쇄를 강화하였고 설상가상으로 허리케인이 쿠바를 엄습하면서 4만 호의 집이 파괴되고, 곡물은 엄청난 타격을 입고, 10억 달러의 피해를 입혔다.

그러나 쿠바는 100만대의 자전거를 수입하여 교통마비를 해결하였고 수력발전과 풍력발전, 메탄가스를 이용한 바이오 가스 활용으로 에너지 문제를 해결하였다. 이러한 가난 속에서도 초등학교에서 대학교까지 교육비는 무려 세계 최고를 자랑하며, 의료기술도 세계 최고 수준으로 전액 무료이다. 인구가 적은 시골에까지 치료설비가 완비되어 있고 국민 1인당 교사와 의사의 수도 세계 최고 수준이다.

호세 마르티의 "아침에 펜을 잡으면 오후에 밭을 갈아라"라는 가르침을 교육의 중요한 목표로 삼고 있다. 초등학교와 중·고등 학교에서도 농업교육이 의무적이고 대학생도 1주일에 하루씩 농촌에서 일을 하도록 하여 학생들은 이마에 땀을 흘리며 일해야 한다.

이번 국제유기농업회의도 교육부와 농림부가 행사를 같이 주최하였는데 이 사실은 우리를 놀라게 하였다. 결국 아이들부터 농업의 중요성을 배우고 실천하는 일은 우리의 미래와도 직결된다는 사실 때문이었다.

이제 농업이 버림받고 별 볼일 없는 산업이 아니라 우리나라의 미래를 개척해 나가는 기간산업으로 우리 국민들이 인식할 때 벼랑 끝에 선 농업은 새롭게 태어날 것이다.

중국 한단시 아시아 유기농대회를 다녀오다

지난 2024년 6월 18일부터 22일까지 중국 한단시에서 아시아 유기농 대회가 열렸다. 이번 대회에서는 아시아 여러 나라의 유기농 현황과 미래 전망, 생산기술과 인증시스템, 유기농산물 유통에 대해 발표와 토론이 진행되었다.

중국의 수도 베이징에서 허베이성 한단시까지는 고속열차로 약 2시간이 걸렸고, 끝없이 펼쳐진 밀밭과 비닐하우스들이 보였다. 이 2시간 동안 산은 거의 보이지 않았고, 14억 인구를 먹여 살리는 대평원의 모습이 인상적이 었다. 서울에서 부산까지 가는 동안 산이 많은 우리나라와는 대조적이다.

베이징은 거대한 도시로, 시내 곳곳이 전기자전거를 이용할 수 있도록 도로가 잘 정비되어 있고, 자전거 우선이라는 원칙이 사회의 중심 가치로 자리잡고 있다. 특히 기후 위기 시대에 맞춘 자전거 중심 도로 기반과 신호 체계는 외국인들도 불편 없이 이용할 수 있도록 잘 마련되어 있어 배울 만한 점이다.

아시아 IFOAM은 흙살림이 10년 전 창립 때부터 참여 해 온 단체이다. 이번 아시아 유기농 대회에서 흙살림은 우수 회원상을 수상했다. 우리나라에서는 유기농업이 점차 감소하고 있지만, 세계 여러 나라에서는 기후 위기 시대의 대안으로 유기농업을 중요하게 생각하고 있다. 이번 행사에서 확인한 중요한 사항은 세계 여러 나라가 유기농을 새로운 대안으로 생각하고 있다는 점이다.

유기농업은 탄소중립 시대의 대안으로 새로운 희망의 틀을 다시 만들어야 한다. 이번 아시아 IFOAM이 주최한 아시아 유기농 대회는 기후 위기 시대에 농업의 중요성, 특히 유기농업의 위대함을 일깨워주는 행사였다. 유기농업이 우리 사회의 중심 가치가 되고, 한반도 전체가 유기농업으로 전환되는 꿈을 다시 꾸어 본다.

이태근 흙살림 회장 귀농 40년을 걸어온 유기농의 길 발자취

1993년 흙살림연구소 설립준비위원회에서 개최한 창립총회 모습. 앞줄 맨 오른쪽 마이크 앞에 서 있는 사람이 이태근 회장.

1984.07	귀농. 충북농촌개발회 활동(신용협동조합, 축산 협동반, 소비자협동조합, 농민회 활동)
1991.06.11	괴산미생물연구회 창립(김용길 회장, 괴산군 소수면 입암리) 참여단체: 충북농촌개발회, 괴산소비자협동조합, 가송농기연 '생명토' '흙살림' '빛모음' 등 유기 농자재 생산
1993.06.11	흙살림연구모임 창립, 전국회원 모집
1994.06.11	흙살림연구모임 창립 1주년 기념식 및 회원 유기농 실천대회. 흙살림연구위원회 발족 서현창 위원장)
1994.11	환경보전형 생산소비단체 협의회(현 환경농업단체연합회) 참여
1995.02	담배인삼공사 공익사업단 연구사업 수행 (음식물 쓰레기처리 실용화모델 개발 연구)
1995.06.8	흙살림 현장농민연구원 위촉 (10명)
1995.06.11	흙살림연구소 신축이전(괴산군 불정면 앵천리) 및 흙살림 회원대회
1996.01	충청북도 유기농업 명예연구소 지정
1996.01	천주교 환경대상 수상
1996.07.13	미생물비료 생산업허가 신청
1996.10.28	농림부 사단법인 '흙살림연구소' 설립인가
1996.12	괴산군 음식물찌꺼기 퇴비화 시범사업 착수
1997.06	97 흙살림 회원대회 개최(괴산읍 제월리 제월 분교)
1998.01.14	음식물 찌꺼기 재활용 강좌(사료화, 퇴비화)
1998.02.16	흙살림 충북대 교수 협력단 참여
1998.05.07	한살림 쌀생산자 교육
1998.05.14	천주교 한마음한몸 운동회원교육, 흙살림 순환농법 교육(32회) 음식물 찌꺼기 재활용 교육(28회)
1998.11.27	청원 오창농협 흙살리기 교육(30명)
1999.03	흙살림순환농법 보급(강화, 아산, 안성)
1999.04	충북 농산물 쇼핑 관광(그린투어) 코스 지정
1999.12	흙살림 홈페이지 개설(http:www.heuk.or.kr)
2000,04	흙살림 환경농업교육장 기공식
2000.07	홍천 내면지부 창립
2001,09	2000 흙살림대회 및 환경농업교육장 준공식

1984 ~ 2002

1991년 일본 연수를 간 모습.

흙살림이 시작된 눈비산마을의 사료창고 모습.

흙살림 5주년 기념식 및 연구소 기공식 모습.

흙살림 초창기 우리 고유의 미생물 등을 활용한 농자재 개발을 위해 연구하고 있는 이태근 회장 모습.

2006년 흙살림 전통농업위원회 발족 모습.

2002 ~ 2009

2000년 흙살림 환경농업교육장 준공식 모습.

2001년 친환경농산물 인증심사원 교육 모습.

2006년 흙살림 괴산군 지부 창립식 모습.

2001,10	친환경농산물 인증기관 신청
2002.01	농업경영컨설팅 기관 신청
2002.01.1-12	한국생협연대 생산자연수회(괴산)
2002.01.03	친환경농산물 인증기관 지정(국내 1호)
2002.09	국제유기농업운동연맹(IFOAM) 가입
2002.02	인증지도사 연수회
2003.01.07	괴산 감물 흙사랑 모임 창립식
2003.04.01	우렁이농법연구회 창립
2004.02.13	음성 흙살림 창립
2004.04.13	흙사모 사랑하는 사람들의 모임 창립
2004.06,11	쿠바 실험농장 개장식
2006.02.26	충북유기농업명예연구소(흙살림연구소) 충청북도 표창
2006.04.14	괴산 흙살림지부 창립
2006.11.24-25	흙살림 전통농업위원회 발족
2007. 3. 20	농촌진흥청 퇴비원료분석기관 지정
2007. 4	흙살림 유기농 시범농장 개장 (괴산군 불정면 삼방리)
2007. 5. 21	흙살림 미생물 북한 애국미생물비료공장 공급
2007. 12. 28	한국농촌공사 한국농촌대상 연구개발부문 수상
2008.03. 11~14	중국 흑룡강성 유기비협회 방문 (이태근 최관호)
2008.04.03	충남지역 인증농가와 흙살림 긴급간담회
2008.04,15	농림수산식품부 농업경영컨설팅기관 선정
2008.06.15~25	이탈리아 세계유기농대회 참가 (이태근, 신제성)
2008.07.11	노동부 사회적 기업 인증
2008.09.18	(사)한국농어촌사회연구소/흙살림 업무협약 제1회 흙살림 토종전시포 방문의 날
2008.11.11	흙살림생협 창립 발기인 총회
2008.12.26	제3회 농협문화복지대상 농업발전부문 대상 선정
2009.01.19	흙살림 토종종자 교육
2009.02.06	흙살림 토종영농사업단(60명) 출범, 충북사회적기업협의회 창립
2009.04.07	충북농업마이스터대학 흙살림 캠퍼스 친환경

2011년 토종연구소 개소식 모습.

2011년 흙살림 창립 20주년 기념행사 때 이태근 회장 가족 모습.

	경종/채소반 개강
2009.07.21	(사)두꺼비친구들흙살림 두꺼비서식지 보존 업무협약
2009.09월~11월	농식품부 흙살림 친환경 귀농귀촌교육 1기/2기 진행
2009.11.24	일본유기농업연구회 업무협약 및 사토기사쿠 회장 초청강연
2009.12.23 ~ 2010.02.23	KOICA 미얀마 흘레지구 유기농업 시범단지조성
2010.01.13 -02.23	괴산군 14면 새해영농설계 친환경농업 맞춤형 교육 진행
2010.02.01~08	흙살림 도시유기농업리더 교육과정 개설
2010.04.19~29	청원군 6개 지역아동센터 도시텃밭만들기 교육
2010.05.01~29	서울그린트러스트와 전국 15개 도시 상자텃밭 1만5천개 보급
2010.05.29~ 06.09	서울 송파구 솔이텃밭 흙살림 친환경 도시농업 교육 진행
2010.06.22-30	청주시 율량/사천동 흙살림 토종 텃논 분양
2010.06.30- 07.19	서울 은평구 도시농부학교 친환경농업 교육 진행
2010.07.03	괴산군 흙살림 토종수집단 발대식 (단장 안완식)
2010.08.18	흙살림 유기농 요리책 제작을 위한 요리기능장 요리시연
2010.09.28	(사)충북친환경농업인연합회 출범 (회장 이태근)
2010,12,30	도시유기농업 활성화 업무협약 (그린 트러스트)
2011	흙살림 창립 20주년 쌈지농부와 함께 유기농 가게 〈농부로부터〉 개장 토종연구소 개소 텃밭상자 보급 운동 이태근 회장 윤봉길 농민상 수상 세계유기농대회 토종종자 사전학술대회 서울 광화문 논농사 프로젝트
2012	노들섬에 토종벼 80여종 분양 이태근 회장 제22회 일가상 농업부문 수상

2009 ~ 2012

2009년 일본유기농업연구회와의 업무협약 및 초청강연 모습.

이태근 회장의 2012년 일가상 농업부문 수상 모습.

2013년 서울 노들섬에 텃밭을 조성하고 시농제를 지낸 모습.

흙살림은 2016년 국내최초로 친환경 유기질 비료를 필리핀에 수출했다.

2017년 '농사가 예술'임을 알리는 제1회 흙살림 농사예술제를 개최했다.

2013 ~ 2018

흙살림은 2012년 쿠바 농장의 상자텃밭을 도입해 쿠바식 농장을 설치, 시범운영을 했다.

2016년 이태근 회장이 석탑산업훈장을 받은 모습.

	사단법인 흙살림연구소로 명칭 변경
	서울 광화문 논농사 프로젝트
	〈현장농민연구원〉 추진
	〈어린텃밭〉 등 도시농업자재 개발
	쿠바식 농장 설치 운영
2013	토종순례단 운영
	흙살림연구소 장기귀농학교 개강
	서울시청 광장에서 토종 미니박람회 개최
	흙살림연구소 현장실습교육장(WPL) 선정
2014	괴산군유기농업리더양성교육 개강
	〈제1회 흙살림상〉 성기남 회장 수상
2015	괴산세계유기농산업엑스포 이해 워크숍 주관
	흙살리기 대토론회 주최
	제2회 흙살림상 이일웅씨 수상
	모잠비크 소농지원 젖염소 구매 모금운동
2016	흙살림 창립 25주년 행사
	국내 최초 친환경유기질 비료(균배양체) 필리핀 수출
	제3회 흙살림상 김봉기씨 수상
	독일 · 오스트리아 해외 연수 교육-선진지 벤치마킹
	지역 어르신 '장수 사진' 촬영 및 한방진료 봉사
	흙살림 자가 인증 제도 도입
	〈유기농, 인문학을 만나다〉 특별강좌
	중국 푸신시에 유기농업 시범구 운영
	이태근 회장, 석탑산업훈장 수훈
2017	흙의 날 기념 친환경농업 시농제 개최
	(주)청풍명월클러스터와 상호업무협약
	흙살림균배양체, 필리핀에 2.3차 수출
	청풍명월 본점에 친환경 매장 개장
	'충식이' '유기엔 16' 등 새 농자재 출시
	제1회 흙살림 농사예술제 개최
	몽골 유기농업 지원 프로그램 실시
	제4회 흙살림상 임형락씨 수상
	석종욱 흙살림연구소 신임회장 선임
2018	흙나라 발효펠렛, 흙살림 아미노볼 개발
	비료관리법 시행규칙 개선 청원 운동

2019년 흙살림은 (사)호아빈의 리본과 베트남 초등생 장학금 지원을 위한 업무협약을 맺었다.

2021년 유기농데이를 기념해 흙살림 토종연구소 농장에서 모내기 체험행사를 가졌다.

2018 ~ 2022

	농축수산물 전문 쇼핑몰 '마켓투유' 개장
	흙살림 신문 250호 발간
	제2회 농사예술제-흙의 얼굴 만들기, 토종논 그림 그리기
	제5회 흙살림상 이선복씨 수상
	베트남 푸옌성, 람동성과 업무협약
	살림두부 판매액 일부, 베트남 호아빈 장학금 지원
2019	꾸러미 400회차 발송
	흙살림 균배양체 필리핀에 100톤 수출 달성
	온라인 쇼핑몰 '마켓투유' 앱 출시
	베트남에 현지 해외 법인 설립
	흙살림 미생물제 '흙살림 골드' 필리핀에 첫 수출
	(사)호아빈의 리본과 베트남 초등생 장학금 지원 업무협약
	충청북도 우수농특산물 품질인증
	흙살림, 베트남 람동성 농업개발청 MOU 체결
	흙살림 청년귀농 장기교육과정 실행
	베트남에 미생물연구소 설립
	충북농업기술원과 친환경농업 발전 협약식
	고성군 산불피해 농민 돕기 균배양체 지원
	'흙을 이야기하다' 흙의 인문학 강좌 개최
	충북생명산업고와 창업인력양성 상호협력협의회 개최
	'산모꾸러미' 출시
	농공상융합형중소기업 선정
	흙살림 황수화제 필리핀 첫 수출
	흙살림 친환경유통센터 착공식 및 상량식
2020	임산부 친환경농산물 지원 시범사업 공급업체 지정
	흙살림 농자재 상주판매점 개점
	흙살림 황다방 필리핀 8차 수출
	제주친환경농업인연합회와 상생협약서 체결
	휴먼케어와 사회적농업 협약식
2021	흙살림 30주년 기념 및 <흙 없인 못 살아> 책 출간
	흙살림 농자재 필리핀 10차 수출
	오창 흙살림 아트센터 개관
	청주친환경급식 성공기원제
	유기농데이 기념 모내기 체험 행사

2018년 농사예술제에서 흙의 얼굴을 만들고 기념촬영을 한 모습.

2019년 흙살림 청년귀농 장기교육과정 입학식 모습.

2019년 흙살림 친환경유통센터 착공식 모습.

2022 ~ 2024

2022년 흙살림 토마토 생산자 간담회 모습.

2023년 흙살림 <바이오숨> 첫 태국 수출 모습.

2024년 '텃밭의 과학' 무료강좌에 나선 이태근 흙살림 회장.

이태근 회장 '상록인 대상' 수상
직업계고 산학협력 우수기업 선정
중소벤처기업부 장관상 수상
충청북도 교육청에 장학금 전달
'우리동네 공유냉장고' 운영 지원 협약
흙살림 유기농 도서관 확장 이전
2022 매헌 윤봉길 월진회와 업무협약
충북도와 친환경농산물 유통활성화 업무협약
흙살림 괴산 농자재센터 개소
지역 마을가꾸기 사업에 나무수국 기증(10개 마을)
충해방제 '충식이' 필리핀 12차 수출
괴산세계유기농산업엑스포에 1,500만원 상당 후원
'희망얼굴' 흙살림 장터 개장
키르기즈공화국과 유기농업 확산 협력 양해각서
경기도농업기술원과 친환경 방제 기술이전 계약
흙살림 토마토 생산자 간담회
풀무원과 함께 괴산청년농부에 낫토 퇴비 지원
청주 서문시장과 상호발전 협약식
2023 태국에 농자재 바이오숨 첫 수출
베트남 푸옌성 PY바이오사와 협약식
흙살림 괴산지역 생산자 간담회
흙살림바이오 비전 선포식
임산부 친환경 농산물 공급업체 선정
아시아 유기농 대회 참가
흙살림마켓투유 오창매장 개장
청주시 청원구 북이면 지역돌봄기능강화 협약식
제10회 흙살림상에 박경범 씨 수상
2024 오창흙살림아트센터 개관
자연치유운동 협약식
'아름다운 기부' 감사패
'텃밭의 과학' 무료강좌
한살림, 충북농업기술원과 토종종자 업무협약
패밀리타운과 농산물 판매 지원 업무협약
슈거아트, 잰153바이오텍과 업무협약
제11회 흙살림상에 김영대 씨 선정